［日］
有田秀穗

著

冯阳　译

解压笔记本

中国科学技术出版社
·北　京·

KAKUDAKE DE STRESS GA KIERU NOTE by HIDEHO ARITA/ISBN: 9784594067489
Copyright © 2019 HIDEHO ARITA
Simplified Chinese translation copyright ©2019 by China Science and Technology Press Co., Ltd.
Original Japanese language edition published by FUSOSHA Publishing Inc.
Simplified Chinese translation rights arranged with FUSOSHA Publishing Inc.
through Lanka Creative Partners co., Ltd. and Rightol Media Limited.

北京市版权局著作权合同登记 图字：01-2020-7628。

图书在版编目（CIP）数据

解压笔记本 /（日）有田秀穗著；冯阳译. -- 北京：中国科学技术出版社，2021.3（2024.5 重印）

ISBN 978-7-5046-8826-2

Ⅰ.①解… Ⅱ.①有… ②冯… Ⅲ.①心理压力–心理调节–通俗读物 Ⅳ.① B842.6-49

中国版本图书馆 CIP 数据核字（2020）第 196808 号

策划编辑	申永刚　杨汝娜
责任编辑	申永刚
封面设计	马筱琨
版式设计	锋尚设计
责任校对	邓雪梅
责任印制	李晓霖

出　　版	中国科学技术出版社
发　　行	中国科学技术出版社有限公司销售中心
地　　址	北京市海淀区中关村南大街 16 号
邮　　编	100081
发行电话	010-62173865
传　　真	010-62173081
网　　址	http://www.cspbooks.com.cn

开　　本	880mm×1230mm　1/32
字　　数	120 千字
印　　张	7
版　　次	2021 年 3 月第 1 版
印　　次	2024 年 5 月第 4 次印刷
印　　刷	北京盛通印刷股份有限公司
书　　号	ISBN 978-7-5046-8826-2 / B·61
定　　价	59.00 元

前 言

你有压力吗？

可能极少数人会说"我早就没有压力了"，而大部分人还是会回答"有"。

虽说都叫"压力"，但压力的来源是多种多样的。我们在工作、家庭、社会、人际关系等各种情境中都会感到压力。

压力并非全部源于负面事件。结婚、生子等喜事和简单的生活环境变化等也会使人产生压力。

活着，就有压力。我一心想让大家从压力的痛苦中解放出来，所以，到今天为止，我已经通过多部作品介绍了利用"血清素"消除压力的方法。

然而，不少读者反映，虽然实践了"有田方法"，却未能收到预期的效果。究其原因，是存在实践方法用力不均、短期内半途而废等问题。

于是，为了克服这些问题，让更多的人实际感受到"有田方法"的效果，我写了这本书，介绍**"笔记"**法。这种方法十分简单。**在笔记中记录自己每天的行动——**仅此而已。

在笔记中做记录，使自己行为中的一些小毛病以及消除压力过程中的不足之处等在笔记中直观地展现出来。这样，通过客观地观察自己现在的状态，也能得到一些改善已有问题的启发。

通过这种实践，我们可以**感受到自身的变化，从而更加充满热情**。如此循环往复，我们渐渐地就能脱胎换骨，练就不惧怕压力的强健身心。

"客观观察"是其中的要点，关键就在于"笔记"。

请你先试着在笔记中做**3个月**的记录，**每天仅需5分钟**，只是写一写就可以觉察到自己的变化，解压方法的有趣之处也会越发显现。

那么，就从今天开始解锁亦可称之为"心灵账簿"的笔记法，开启生机满满、轻松愉快的每一天吧！

第
三
章
记录自己的行动——
开始记录吧

第一章

写一写，消除大脑压力

认识压力

写一写，就能简单可靠地消除压力

"记录"，以打败压力

世界上恐怕没人敢说"人生中从未感到过压力"吧！不仅是现代人，包括我们的祖先，都一直在与压力做斗争。

遗憾的是，压力不可能完全消除。只要活着，**与压力共存就是我们的宿命**。这么一说，大家可能会感到沮丧，"今后的人生岂不是要一直被压力困扰"，但是请不要那么悲观消沉。虽然压力这种东西确实无法完全消除，**但因压力产生的"痛苦"却可以**。

在无法把握压力的时期，人们对其起因和应对方法也一无所知，只能默默忍受。但随着各种研究的推进，压力机制也被逐渐解释清楚了。

到目前为止，我已经在多部作品中介绍过消除压力所带来的痛苦的方法。我把这种方法称为"血清素训练法"。但是不管血清素训练法多么有效，不付诸实践就没有任何意义。

因此，为了让饱受压力之苦的人们能够将血清素训练法更好地落到实处，我编写了具体的方法技巧。

这个方法直截了当，就是导入**记录**——也就是**"笔记"**环节。将"笔记"添加到我一直倡导的血清素训练法当中……仅此而已，**大家就都能更加简单、切实有效地消除压力了**。

希望大家能充分利用本书介绍的笔记法，练就战胜压力的强健身心。

"笔记"的效果已得到验证

"笔记"至今已被各种领域采纳，其效果也得到了验证。比较具有代表性的是"笔记·减肥法"。

"笔记·减肥法"是一种通过记录饮食来减肥的方法。不用特意控制饮食，只需吃你想吃的食物，并把它们记录下来即可，也不用做特别的运动。尽管简单，但很多人通过这种方法减肥成功，并且不用担心反弹。

这种减肥方法的要点是**"通过笔记客观把握现状"**。通过记录吃过的食物、用餐时间等，了解自己的饮食习惯和问题。比如"虽然并不是特别饿，但临睡前就是忍不住想吃东西""工作一忙起来，就总想吃甜食"等。我们只要重新审视自己的饮食生活，变胖的原因就能很自然地显现出来。这样我们便能发现"一吃夜宵，第二天早上胃就难受，还是忍一忍吧""中式点心比西式蛋糕的卡路里低"等各种改善的方法。

把这种办法付诸实践，我们就可以切实减轻体重。体重轻了我们的心情自然就好了，身体状况也越来越好，也越来越有减肥的动力。

饮食生活改善后，味觉便能恢复正常，我们对食物的喜好也会发生变化。这样一来，形成健康的饮食习惯，我们自然就能保持最佳体重。这样一来，才不会出现反弹，真正实现减肥成功。

对抑郁症具有良好疗效的"认知疗法"中也采用了"笔记"的方法。人就算有相同经历，基于看待和认识这些经历的不同方式，也会产生不同的感受，造成不同的行为和身体反应。压力和疲劳一旦积攒起来，会让人们对那些平常可以顺其自然接受的事情变得特别悲观，这种情况我们每个人应该都经历过吧。

抑郁症患者的这种倾向特别明显。所以，把**导致情绪低落的事情和当时的感受**写下来，找出看待问题和思维方式上的弱点，改变**消极的思考方式**，放轻松，可以帮助人们减轻压力。

笔记就是这样有效地帮助我们清除自己无法克服的障碍的。

压力究竟是什么？
认识一下压力和大脑的关系吧

"心"在大脑

如何才能消除压力呢？要掌握方法，首先要"认识敌人"。那么，压力究竟是什么呢？

通常，人们感受到的压力可以分为**"生理性压力"**和**"精神性压力"**两大类。冷热、痛痒等是生理性压力。精神性压力则包含悲伤、痛苦、寂寞等感受。悲伤、痛苦等感受是心之所感，所以过去人们认为这个"心"在人体的心脏中。这也能从英语单词"heart"当中看出来，它包含心和心脏两方面意思。然而实际上，是大脑将这些感受认知为"压力"的，也就是说，我们的"心"在大脑中。

在对这种机制做出解释之前，我先简单说一下大脑的构造，如图1-1所示。大脑是神经细胞的集合，我们人类的大脑在漫长的历史中不断进化发展。大脑最深处的"脑干"可以说是最原始的脑，掌管基本的生命活动。脑干上面是"下丘脑"，它的作用是产生食欲和性欲等人类生存必需的本能。下丘脑的外侧是"大脑边缘系统"，别称"感情脑"，是喜怒哀乐等各种情感形成的地方。

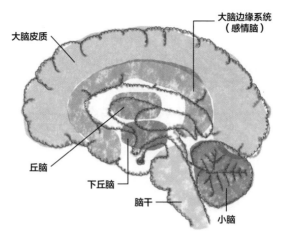

图 1-1　大脑的构造

　　在大脑边缘系统外侧发育而成的是大脑皮质，如图1-2所示，大脑皮质又可以分为额叶、顶叶、颞叶和枕叶。位于额叶前面的部分被称为"脑前额叶"，其外皮层被称为"前额叶皮质"，这里掌管着人的"心"。前额叶皮质和感情脑（大脑边缘系）两处，就是我们的"心"之所在。

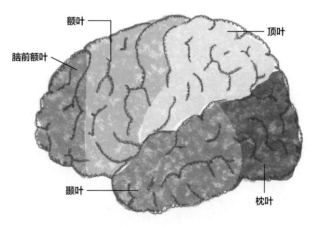

图 1-2　大脑皮质的构造

引发疾病的两种压力路径

想必很多人听别人讲过"因为压力太大，所以引发了胃溃疡"吧！这是身体被施加压力时体内产生反应引起的，这种"压力路径"已经通过多种研究得以显现，而且，生理性压力和精神性压力的路径是不同的。

一方面，当我们接收到疼痛等生理性压力的信号时，信息会通过遍布体内的神经，经由大脑下丘和大脑皮质，到达下丘脑的室旁核。接收到信息的室旁核释放一种被称为CRH的激素，这种激素进而刺激下垂体，释放副肾皮质刺激激素——ACTH激素。最终，受到刺激的副肾皮质体积增大，另一种副肾皮质激素——**"皮质醇"**就被分泌出来了。皮质醇俗称**压力激素**，它与碳水化合物和脂肪代谢等密切相关，是人们必不可少的激素，但如果分泌过多，则会引起血压和血糖值等升高，成为引发高血压和糖尿病、胃溃疡等的病因。

另一方面，一旦遭受精神性压力，和生理性压力一样，信息首先传送到下丘脑室旁核，然后从那里直接抵达脑干中被称为"中缝核"的部分，而不是下垂体。

如刚才所讲，脑干位于大脑的最深处，对维持人的生命起着重要作用。中缝核在脑干大约中央的位置，是释放神经递质的5-羟色胺能神经元所在之处。血清素是一种与精神性疾病密切相关的激素。压力信息从下丘脑传到中缝核后，5-羟色胺能神经元的功能会受到阻碍。抑郁症和惊恐障碍等精神性疾病就是由于这种5-羟色胺能神经元的功能下降而产生的。

　　总之，精神性压力是指"大脑通过神经递质（传递信息）而感受到的压力"。因此，可以将"精神性压力"和人们所说的"心理压力"等称为"大脑压力"。

　　这就是至今无法把控、真实面目不为人知的"精神性压力"和"心理压力"。由于其成因和处理方法不明，很多人深受其苦，但现在它们的运行机制得以明确（图1-3），表明既存在传导压力的物质，也存在抑制压力的机能。关键就在于刚才提到的"血清素"。

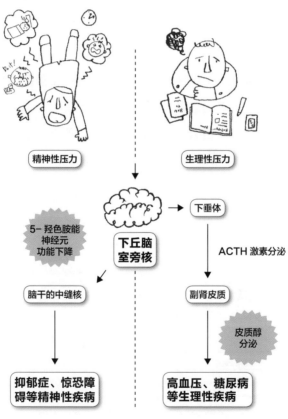

图 1-3　压力引发疾病的结构图

三种压力与前额叶皮质的密切关系

我们已经谈到压力可以分为"生理性压力"和"精神性压力"，不仅如此，精神性压力是一种**"只有人才能感受到的压力"**，它促进了脑的发展。

古人云"人有三苦"。其一是"单纯的疼痛之苦"，其二是"心情不畅之苦"，其三是"不为世人理解之苦"。单纯的疼痛之苦指的是生理性压力，其余两种则正是"只有人才能感受到的压力"。

这三种压力与**掌管真正的人"心"的被称为"前额叶皮质"**的部位有非常密切的关系。根据位置不同，前额叶皮质可以分为三个部分，每一部分都分别起着非常重要的作用，如图1-4所示。

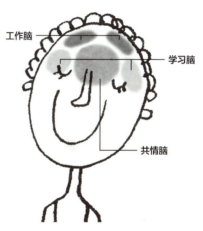

图1-4　前额叶皮质中的三种"脑"

其中位于前额叶皮质中央的是被称为"内侧前额叶皮质"的部分，别称**"共情脑"**。共情脑正好就在人们额头中央的区域。共情脑外侧的上面部分是**"工作脑"**，而在工作脑之下、共情脑两边的是**"学习脑"**。

通常我们认为用眼睛看，用耳朵听，用舌头品尝，所有这些都是大脑在感知。通过看、听、尝等方式转化成一种信息，通过遍布身体的神经传递给大脑。人脑中大约有150亿个神经细胞，它们相互之间会交换信息。用于传递信息的物质被称为"神经递质"。大脑中流淌着微小的电流，神经递质通过这些电流的刺激被释放出来。每个神经都有自己的名字，它们是以传递信息时用到的物质的名称而命名的。

学习脑——通过快感唤起斗志

让我们回到正题，认识一下前额叶皮质的三个功能。学习脑，顾名思义，是在学习时发挥功能的脑。更具体地说，它所起的是**"以获取报酬为目的，进行各种努力"**的作用。水族馆的海豚和海豹之所以能表演精彩的节目，是因为它们被教会"只要表演就会有好吃的作为报酬"。学习脑的原理与此类似，但人的情况更复杂。

对人来说，报酬就是**"让心情愉悦"**。比如赚钱、工作出成果、获得地位和名誉、受到表扬、收到好的评价等。

虽然让每个人感受到愉悦的事件是不一样的，但人们为了获取报酬而努力的过程都是学习脑在起作用，而**多巴胺能神经**会使这种功能更加活跃。多巴胺是令大脑兴奋的一种物质，**它所带来的兴奋就是"快感"**。

在得到报酬后，多巴胺能神经会分泌更多的多巴胺，为人们同时带来快感和努力的动力。比如，你的工作受到了周围人的良好评价，那么你在感到喜悦的同时，会更加充满热情，下决心下次要做得更好。这样就会形成为报酬而努力→获得报酬→热情高涨、加倍努力的良性循环。

但问题是我们不可能总是如常所愿获得报酬，好不容易努力一场，却未能获得报酬的话，多巴胺的分泌就会减少，快感无处可得，反过来形成很大的压力。

压力进一步加大，人就想要再次获得曾一度有过的快感，并**引发"依赖症"**。典型的例子就是"酒精依赖症"。病人会陷入酒精带来的快感中，得不到就无法忍受，为喝酒而不择手段。

平衡运作的多巴胺能神经，能够营造一种积极热情的精神状态；但同时也存在危险性，因为一旦快感带来过度的兴奋，人就会失去控制向意想不到的方向发展。

工作脑——保护自己的危机管理中心

工作脑被称为"工作存储器"，它具有"瞬间分析各种信息，根据以往经验，**因时制宜采取最优行动**"的作用。

举个通俗易懂的例子，我们开车时需要瞬间判断各种情况，以便安全驾驶——与周围的车保持适当车距，遵守信号和标识的指示，注意有没有人从旁边小道上出现、有没有障碍物等。这是一种十分高级的功能，与工作脑的这种功能有密切关系的是**去甲肾上腺素能神经**。

去甲肾上腺素和多巴胺都属于兴奋物质，但其产生的原因不同。去甲肾上腺素是一种在面对生命危险或令人不快的情况时起作用的脑内物质，所以与多巴胺带来的快感不同，去甲肾上腺素带来的是"愤怒"和"面临危险时的激动紧张"等，它帮助我们判断该与敌作战还是逃跑，引导我们采取避开危险的行动。

去甲肾上腺素在受到体内外各种压力刺激时被释放出来。如果去甲

肾上腺素适量分泌，大脑适度紧张，那么"工作存储器"的功能也会平稳运行。工作效率的提高、安全的驾驶正是因为大脑保持了适度的紧张。

去甲肾上腺素能神经对大脑影响广泛，不仅限于工作脑。比如，它会作用于自律神经，提高血压和心率，使其无论何时都能做好准备应对危机状况。此外，它还会让去甲肾上腺素遍布大脑，使大脑保持警醒，引导其采取避开危机的最佳行动。

也就是说，去甲肾上腺素能神经担负着类似**"危机管理中心"**的功能。正是因为有了这种去甲肾上腺素能神经的作用，我们人类才得以延续至今。

如果压力过大，或长时间处于紧张的状态，去甲肾上腺素会分泌过剩，大脑就陷入过度紧张状态。一旦如此，"工作存储器"不能正常运行，就会引发**抑郁症、惊恐障碍、神经不安症、对人恐惧症**等各种精神性疾病。

临床上治疗抑郁症注重抑郁症与5-羟色胺能神经元之间的联系，但实际上去甲肾上腺素能神经也与精神性疾病有着很深的关联。

共情脑——调整大脑整体平衡的指挥者

共情脑发挥着前额叶皮质的第三大重要作用。共情脑如其名字所示，指**"对他人产生共鸣，言行举止保持理性"**，这对维持社会生活是不可或缺的。

不考虑他人的感受，只一味追求一己私利的话，不可能拥有顺畅的社会生活。向身处困难的人出手相助，对悲伤难过的人予以抚慰，甘愿自我牺牲谦让他人等，这些行为都源于"共情"。

"共情"就是"体谅对方的心情，感受对方的情感"。共情也是"克制自己的情感，优先去做有益于对方的事情"。这里的"克制情感"是一种理性的行为，而让理性发挥作用的根源就在于共情。

使共情脑功能活跃的是5-羟色胺能神经元。血清素是令大脑保持清醒的一种神经递质，但它与去甲肾上腺素属于不同类别。去甲肾上腺素带来愤怒等"热兴奋"，而血清素带来的是能够维持大脑高度运转的**"冷兴奋"。**

分泌血清素的中缝核是一种非常小的组织，这里聚集着数万个5-羟色胺能神经元细胞。整个人类大脑约有150万个神经细胞，所以这几万个5-羟色胺能神经元细胞仅占其中的一小部分。

虽然数量少，它们却在大脑的很大领域内形成了广泛的网络，与去甲肾上腺素能一样，其范围涵盖大脑皮质、大脑边缘系、下丘脑、脑干、小脑、脊髓等各个脑神经系统。

去甲肾上腺素神经和5-羟色胺能神经元虽然非常相似，但两者有决定性的不同。去甲肾上腺素能神经的分泌量会根据内外压力刺激的不同而变化，而5-羟色胺能神经元则无论有没有刺激都会**持续释放一定的量。**

5-羟色胺能神经元的另一重要特点是，它可以调整平衡。5-羟色胺能神经元可以抑制多巴胺能神经和去甲肾上腺素能神经乱行，**调控整个大脑的平衡**，因而它令大脑保持适度轻松而又能集中精力的平稳的运行状态。这样说来，5-羟色胺能神经的作用就如同管弦乐队的指挥一样。

5-羟色胺能神经元的活跃——消除大脑压力的关键

对前额叶皮质的三大作用一一了解之后，我们会发现它们与我上文讲的"三种苦"有很深的联系。

与生理性压力相关、对体内外压力刺激直接做出反应的是工作脑（去甲肾上腺素能神经），与快感得不到满足而引发的压力相关的是学习脑（多巴胺能神经）。另外，共情脑（5-羟色胺能神经元）则实际上与"不被他人认可的苦"有关。

比如，辛辛苦苦做家务却没得到家人的一句"谢谢"，通宵完成工作却没受到表扬……**当为别人做事却没有受到该有的评价时，人们就会感到压力**。

这种压力是由"为什么不表扬我呢""为什么不理解我呢"这些单方面的烦恼引起的。换句话说，**不能换位思考造成了压力的产生**。

可见，人们感受到的压力与构成前额叶皮质的三种脑是有很深的关联的。就像之前所讲的那样，前额叶皮质是决定人之所以为人的关键所在。这样的话，我们可以说精神性压力也就是"大脑压力"，和前额叶皮质是密切相关的。

读到这里，想必大家已经明白，**要消除大脑压力，就要锻炼多巴胺能神经和5-羟色胺能神经元**。尤为重要的是保持调整大脑整体平衡的5-羟色胺能神经元的活跃度。

5-羟色胺能神经元活跃了，与"共情脑"相关的"不被他人认可的压力""生理性压力"和"由快感得不到满足引发的压力"都可以得到排解。

消除大脑压力的战士——"血清素"

5-羟色胺能神经元的五个作用

我们已经知道，要消除大脑压力，重要的是保持5-羟色胺能神经元的活跃。那么，如何保持5-羟色胺能神经元的活跃呢？在讲具体方法之前，我先对5-羟色胺能神经元稍做说明。

神经细胞一般通过神经脉冲这种电流信号向其他神经细胞输送信息。这时，神经递质会被释放以辅助信息接收方，而接收到神经脉冲的神经细胞也会释放神经递质，继续向下一个神经细胞输送神经脉冲。**神经细胞就像是接力跑选手，而神经递质就是接力棒**。

血清素也是一种神经递质。5-羟色胺能神经元通过血清素向整个大脑输送各种各样的信息，调控人的精神和身体。5-羟色胺能神经元的作用并不仅仅是带来"冷兴奋"，保持大脑的平稳运行，它的作用可以总结为以下五点。

①通过"冷兴奋"保持意识清醒。

调节大脑皮质的活动，让人脑保持冷静、清爽的状态。

②调控情绪，保持平常心。

受到压力影响时，5-羟色胺能神经元控制情绪的起伏波动，作用于去甲肾上腺素能神经和多巴胺能神经，防止陷入过度兴奋状态；保持适度紧张，让人处于能最大限度发挥其能力的精神状态。

③调控自律细胞。

我们体内存在交感神经和副交感神经两种自律神经。5-羟色胺能神经元会适度刺激与人们的行为活动密切相关的交感神经，使日常生活能够顺利进行。

④减轻疼痛。

疼痛也是通过大脑感知到的，而血清素可以起到抑制神经传达疼痛的作用——不是消除疼痛，而是让我们难以觉察到疼痛。

⑤保持良好的姿势。

保持良好的姿势需要逆重力而行的"抗重力肌"。5-羟色胺能神经元会直接刺激与抗重力肌相连的运动神经，帮助保持良好的姿势。

由此可见，5-羟色胺能神经元的活跃不仅可以增强抗压能力，而且可以提高生活质量。

压力降低5-羟色胺能神经元的功能

5-羟色胺能神经元的这些功能究竟是通过什么样的机制运行的呢？血清素自身并不直接受到压力的影响。前面我们说到，不管体内外有没有压力刺激，血清素都会持续不断地输送一定量的神经脉冲。

可能大家会想"如果血清素被自然分泌的话，那么人们就不必为压力烦恼了吧"。然而遗憾的是事情并不是这样的。因为虽然5-羟色胺能神经元本身不受压力影响，但**5-羟色胺能神经元的"功能"却会因压力而下降**，其原因就在于5-羟色胺能神经元的构造（图1-5）。

血清素是以日常饮食中摄取的"色氨酸"为材料合成的。色氨酸是基础氨基酸的一种，几乎所有的蛋白质食品里都含有这种氨基酸。色氨酸含量尤其多的有豆腐、纳豆、牛奶、酸奶、金枪鱼、驴肉、香蕉、大米、坚果等。

从5-羟色胺能神经元末端的轴突释放出来的血清素会与接收血清素的神经细胞里的"血清素受体"结合，从而压抑神经或使其兴奋。此时，如果与血清素受体结合的血清素量多影响就大，量少则影响就小。

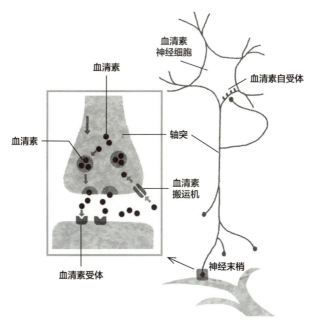

图 1-5　5-羟色胺能神经元的构造

　　释放出来的血清素并非全部与受体结合，也会出现部分血清素剩余的情况。多余的血清素通过"血清素搬运机"被回收，最终被最初的5-羟色胺能神经元末端的轴突吸收。

　　5-羟色胺能神经元还有一个比较有特点的功能，那就是"自我检查回路"。5-羟色胺能神经元以一定的频率被释放，同时通过"受体"检查血清素的释放量，过多会抑制分泌，过少则增加分泌。

　　对于血清素的分泌量，压力是如何产生影响的呢？答案就是通过调节血清素的分泌量。就像前面说的那样，一旦接收到精神性压力后，作为压力中枢的下丘脑的室旁核就会受到刺激，进而将信息传送到脑干的中缝核。

　　中缝核是血清素分泌的部位，因此压力信息传输至此后，5-羟色胺能神经元发出的神经脉冲会减弱，血清素量也会减少。血清素分泌量减少了，血清素的功能自然也就下降了。

5-羟色胺能神经元是可以锻炼的

　　血清素一旦持续不足，那么接收血清素的神经细胞就会发生变化。它们会增加血清素受体的数量以接收更多的血清素。但是，由于血清素量本就不足，因此受体不可能接收到更多的血清素了。

　　脑内血清素含量长期慢性不足，大脑整体活动就会下降。这是抑郁症的病因之一。

　　要避免陷入血清素不足的状态，就要提高5-羟色胺能神经元的脉冲频率，增加血清素的分泌量。那么，具体该怎么做呢？

答案就是"锻炼5-羟色胺能神经元"。大家肯定会感到不可思议："神经元能锻炼吗？它又不是肌肉。"但是，这真的是可以做到的。

每天持续不断的适度运动可以使肌肉得到锻炼，这是通过训练改变肌肉的构造。那么血清素也是可以通过锻炼改变其构造的。

遍布体内的大多数神经元是无法改变构造的，但是也有极少数神经元可以改变构造，5-羟色胺能神经元就是其中的一种。

我们已经讲过，5-羟色胺能神经元具有自我检查回路的功能。这种自我检查回路中的**"受体"就是调节其分泌量的关键**。

5-羟色胺能神经元会感知与自我检查回路中的受体结合的血清素量，多则抑制分泌，少则促进分泌，以此调节神经脉冲的频度。

5-羟色胺能神经元之所以不会像多巴胺能神经及去甲肾上腺素能神经那样乱行，就是因为它具备这种回路。换一种观点来说就是，不管血清素增加多少，只要超过必要的量，其自我抑制机能就会发挥作用。

因此，想在短时间内快速锻炼5-羟色胺能神经元是不可能的。**只有通过每天锻炼活跃5-羟色胺能神经元，5-羟色胺能神经元的构造才可能切实发生改变，并增加血清素的分泌**。

如果持续不断地活跃5-羟色胺能神经元，受体数量就会逐渐减少，这样5-羟色胺能神经元感知到的血清素量就会减少，因而自我抑制功能减弱，血清素分泌就会增多。不断循环往复，5-羟色胺能神经元构造就会发生变化。

早晨的阳光下血清素量攀升

那么，具体该如何实践呢？接下来介绍两种活跃5-羟色胺能神经元的方法。**"日光浴"**和**"节律运动"**。我会分别做详细说明。

首先讲一下日光浴。根据地球的自转周期，一天有24小时，而人体内的生物钟周期平均一天25小时。修正这1小时时差的正是阳光。我们的眼睛除了看东西之外还有其他一些重要的作用，其中之一便是识别光亮和黑暗，这对我们的睡眠产生很大的影响。

沐浴在阳光下，光从眼睛进入，通过视网膜到达大脑深处的**"视交叉上核"**。我们体内的生物钟就位于视交叉上核，视交叉上核捕捉光的信号，**重置体内的生物钟**（图1-6）。

视交叉上核还会作用于自律神经，白天让交感神经优先活动，夜晚则让副交感神经处于优势以进入睡眠。在这种交替切换中必不可少的就是阳光。

光信号从眼睛传入大脑还有两种途径。一种是合成、分泌掌管睡眠的"褪黑激素"，另外一种是直接作用于5-羟色胺能神经元。

褪黑激素在太阳下山天色变暗时合成、分泌，早晨阳光普照时功能受到抑制（图1-7），而

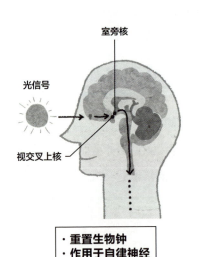

图 1-6 视交叉上核路径

血清素则通过阳光照射合成、分泌（图1-8）。傍晚以后的时间成为褪黑激素的分泌时间。

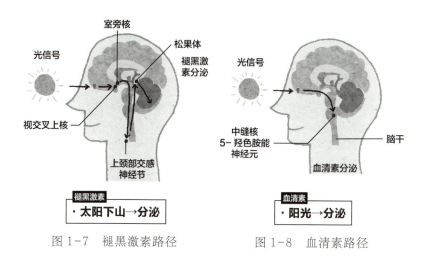

图 1-7　褪黑激素路径　　　　　　图 1-8　血清素路径

　　由此可见，睡眠和清醒之间的顺畅切换离不开褪黑激素和血清素两者，而阳光是两者的合成和分泌不可或缺的条件。

　　重要的是用阳光给予大脑以刺激。荧光灯的光照度500勒克斯，而阳光的光照度可达2500~5000勒克斯。只有拥有太阳那种强度的光才足以给予大脑刺激。

　　早上起床，打开窗帘，让阳光洒满房间。或者稍微早起一会儿，慢跑或散步，也可以在通勤上学的时候选择有阳光的地方。血清素在早上产生，所以**早上的日光浴非常重要**。

　　每次日光浴的时间大约30分钟即可。如果时间太长，5-羟色胺能神经元的自我抑制机能就会发挥作用，会适得其反。

每天早上只需用很短的时间接受日光浴，5-羟色胺能神经元就会被激活，效果立竿见影。

简单的节律运动，激活5-羟色胺能神经元

另一个激活5-羟色胺能神经元的方法是**"节律运动"**。节律运动是指"按照一定的节奏活动身体"。我们无意识地呼吸、咀嚼、散步、慢跑、骑行、游泳等都是节律运动。另外瑜伽和坐禅中的慢节奏腹式呼吸也是很棒的节律运动。

5-羟色胺能神经元所在的中缝核附近有与呼吸和行走、咀嚼等有关的中枢。因此，通常认为人们通过呼吸、行走、咀嚼形成节奏可使血清素增加。

此外，关于骑行时脑内血流变化的测试结果显示前额叶皮质的血流增加了。这是因为通过激活5-羟色胺能神经元，可以对管理生命活动的大脑产生良性影响。

每次节律运动的时间最低5分钟、最长30分钟即可。只需做5分钟的运动，5-羟色胺能神经元就可以活跃起来，血清素的分泌量也会增加。但并非运动时间越长，血清素分泌量越多。如果过度运动造成疲劳，反而适得其反。

遗憾的是，血清素并不能"储蓄"，所以必须每天持续不断地合成。因此，请一定记住节律运动需要坚持不断、适度愉快地进行。

血清素的强力拍档——"催产素"

又被称作"爱情激素"的催产素

能够战胜压力的，除血清素之外，另一个就是近年备受关注的"催产素"，别称"爱情激素"。

催产素是哺乳动物特有的激素。以往，人们认为它的作用有：第一，生产时使子宫收缩，帮助母亲生产；第二，生产后，促进母乳分泌。但是随着近二十年来研究的推进，催产素的更多作用被不断发现。

比如，研究表明不仅是母亲，没有妊娠、生育经验的女性及男性也会分泌催产素，此外，催产素不仅与生育和授乳直接相关，还有以下效果：

①增加对人的信赖感、亲近感；

②让压力消失，感知幸福；

③抑制血压上升；

④增强心脏功能；

⑤使人长寿。

催产素在脑内作为脑内物质发挥作用给心脏带来变化，也可以成为血液中的激素对身体产生影响。

"亲密接触"，激活催产素

母亲之所以能够做到牺牲自己保护孩子，是因为催产素让其大脑转变为"母亲脑"。每次授乳或与婴儿亲密接触的过程中，催产素都会被释放，渐渐大脑就会发生变化。

此外，研究表明催产素也与男女间的爱情有关。恋人和夫妇间的肌肤相亲会促进男女催产素的分泌，从而形成**爱情**这种情感状态。

由此我们知道，催产素是创造爱情这种情感状态的脑内物质。催产素不仅与母爱有关，还与男女爱情甚至和**人与人之间的信赖关系**有关。

实际上，催产素与血清素也有很深的关联。催产素受体位于大脑的前额叶皮质和扁桃体中。这些都是大脑中与情感特别相关的地方，因此可以说催产素是影响情感状态的脑内物质。另外，5-羟色胺能神经元的神经细胞中也有催产素受体。也就是说，催产素被分泌并传达到催产素受体后，也能激活5-羟色胺能神经元。

激活催产素的方法就是"亲密接触"。人类社会中母子之间及男女之间的亲密接触，甚至与朋友一起就餐、对话等也都可以看作是亲密接触。动物为了保持卫生也会采取亲密接触，比如有名的猴子整理毛发。

一旦进行这种亲密接触行为，催产素就会被释放，信赖感和幸福感也会提升。更进一步说，催产素的分泌又会激活5-羟色胺能神经元，从而使情感处于平稳状态。

除此之外，亲切待人、抚摸宠物等也可以促进催产素的分泌。综合所有这些，我们可以知道，通过**与他人建立联系**能够促进催产素的分泌。

建立良好的人际关系、爱抚宠物等是可以减轻压力，获得幸福感的。

用"笔记"法获取战胜压力的强健身心吧

来做血清素训练吧

消除压力的救世主："血清素"和"催产素"。只要在日常生活中将"日光浴""节律运动"和"亲密接触"等血清素训练付诸实践，就可以促进两种激素的分泌，收获战胜压力的强健身心。

但重要的是我们每天都要认真训练，并且长期坚持下去。否则，难得掌握了技巧却三天打鱼两天晒网，或者只在心血来潮时做一做，这样是不会取得预期成果的。

那么，究竟坚持多长时间的血清素训练，才能使血清素释放量持续增加5-羟色胺能神经元的构造发生变化呢？答案是**大约3个月**。**坚持约3个月，5-羟色胺能神经元的构造就会开始发生变化**。继续保持训练，到大约6个月的时候，5-羟色胺能神经元的构造就能变得相当好了。

在这个过程中，不能因为状态稍有好转就选择中途放弃，这一点是很重要的。因为就算5-羟色胺能神经元的构造好不容易变好，如果重新回到之前削弱5-羟色胺能神经元的生活，其构造会再次退回到不良状态。

血清素训练绝不是什么难事，它的训练内容都是能够**融入日常生活中**的。当然习惯之前需要有意识地去做，但不久就能自然地变成每天的习惯，坚持下去就能**切实对身心产生有益的影响**。

不管对这一点是多么了然于心，很多人不能坚持到形成习惯就中途放弃了。如果坚持下去的话，真的可以收获身心的健康和幸福感，不能让大家切身体会到这些实属遗憾。

这个问题难道无法克服吗？我问自己，然后在不断摸索试错后写出了本书介绍的"解压笔记本"。

仅仅"写一写"就有惊人的效果

无论多么简单的方法，要养成以往生活里所没有的习惯，需要刻意练习和不懈努力。人原本就是容易遗忘的动物，加之每天忙于工作、家务、杂事，一不小心就可能忘得一干二净。

但是，就像我之前讲的那样，血清素训练的意义在于"坚持"。只有通过日常反复训练，5-羟色胺能神经元才能得到锻炼。

那么，"解压笔记本"就是我们的**得力助手**。只需在血清素训练的基础上加入"笔记"环节，一直以来的问题便可迎刃而解。

具体内容我将在后面做详细说明，简单来说就是每天分项记录是否认真执行了有效活跃5-羟色胺能神经元的行为。这样不仅能通过"记录"**确认当天的活动**，而且**可以客观地观察自己的状态**，比如"今天心情不错，训练也完成得不错""睡眠不足疲劳乏力，所以就偷懒没做训练"等情况，通过审视自己的行为，背后隐藏的各种问题就会浮现出来。

如果训练能够顺利进行，身心状态就会好转，自己受到鼓舞，训练就越来越轻松愉快。反过来说，即便训练不能顺利进行，只要能明确其中的原因和存在的问题，那么也能找到改善的方法。此外，养成记录"笔记"的习惯，每天需要做的练习就会自然地记在脑海里，不知不觉中就能轻松进行训练。

开始在笔记本中做记录后，可以偶尔回顾一下之前记录的内容。如果能够实际感受到，与刚开始训练时相比，身心状态有了多大的改善，就能大大地鼓舞自己。当然也有可能你会怜惜不习惯训练、差点打退堂鼓时的自己。

对于正在为了战胜压力而每天不断努力的你来说，"解压笔记本"就是你最坚实的伙伴、最有力的后援。

第二章

开始血清素训练吧

了解战胜压力的方法

▌ 食物 ▌

吃饭是一种日常行为，我想很少有人会将吃饭时的状态和身体、精神状态联系起来。但是，食物是形成骨骼和肌肉的原料，是人生存必不可少的要素。假若对饮食敷衍了事，那么一天天积累起来，到某个时刻就会演变成大病。反之，每天认真对待饮食，日积月累，就不容易生病，身体和精神状态也会年轻而富有活力。

饮食与压力的应对有着密切的关系。要快速消除压力需要日常生活里分泌大量血清素。那么，我们首先就来讲一下食物和血清素之间的关系。

基本氨基酸中的色氨酸是形成血清素的成分之一。基本氨基酸对保持身心健康有非常重要的作用，但它不能完全在体内合成，因而必须通过食物从体外获取。基本氨基酸有9种，色氨酸是其中一种。富含色氨酸的食材有**纳豆、豆腐等以大豆为原材料的食品，牛奶、奶酪等乳制品，鸡蛋等蛋制品**。但是只摄取色氨酸就可以了吗？答案是否定的。这正是合成血清素的困难所在。

血清素的合成除了色氨酸之外，还需要**"维生素B_6"**和**"碳水化合物"**。最近，似乎很多人为减肥而不摄入碳水化合物。但是，碳水化合物能为大脑提供能量，同时还可以促进色氨酸在脑内的吸收，所以建议大家还是不要极端地将碳水化合物省掉。

同时含有这三种成分的食材有我们都很熟悉的水果，比如香蕉。我每天早上都会喝一杯以香蕉为主料的果汁。但也不是说只吃香蕉，最好是将包含三种成分的食材搭配食用。

事实上，日本的传统饮食习惯倡导均衡摄取色氨酸、维生素B$_6$和碳水化合物。或许在尚不清楚血清素是什么的时代，人们就已经开始尝试有利于身心健康的饮食搭配。

例如，在日本，**米饭、味噌汤和纳豆**是早饭必备的。这样就能摄取足够的含有色氨酸的三种成分。如果你就是想吃西式早餐，那么**蛋包饭加番茄酱和牛奶**是不错的搭配。以香蕉为代表的水果，可以直接食用，也可以像我那样做成果汁饮用。很多人可能白天只吃些面条，我建议大家加一样**豆腐**菜品。如果你喜欢晚上小酌一杯，那么可以搭配**奶酪、巴旦木、花生**等下酒小菜。富含维生素B$_6$的鱼肉也是很不错的选择。最后，再以米饭和味噌汤收尾。

下面介绍一些富含色氨酸、维生素B$_6$、碳水化合物的食材，大家可以试着搭配食用。

● 色氨酸

豆腐、纳豆、大豆、味噌等豆类和豆制品，牛奶、酸奶、奶酪等乳制品，巴旦木和花生、芝麻等坚果类，卵类食物（不单指鸡蛋，也包括鳕鱼籽和盐渍鲑鱼籽等），香蕉等水果类。

● 维生素B$_6$

糙米、小麦胚芽、大豆、沙丁鱼、鲣鱼、青花鱼、秋刀鱼、鲷鱼、金枪鱼、姜、大蒜、玉米、牛油果、香蕉等。

肉类也含有丰富的维生素B$_6$，可食用动物性蛋白质鱼肉来摄取，但牛肉、猪肉、鸡肉等肉类中的蛋白质会阻碍血清素的合成，所以最好不要吃太多。

● **碳水化合物**

糙米、白米等谷物类，荞麦面、意大利面等面条类，红薯、芋头、土豆等根茎类，菠萝、葡萄、香蕉等水果类。

另外，我再说几点饮食生活中需要注意的事项。通常人一有压力就总想吃零食。上班时忍不住吃点心，不吃点什么就烦躁，如果遇到这种情况，就要考虑自己是不是开始有压力了。严重的会暴饮暴食，一直不停地吃或者厌食，什么都吃不下，瘦到皮包骨头。像这种因压力而出现饮食障碍的情况很多。即便没有那么严重，饮食变化也与压力有很大的关系。此外，饮食生活混乱无序会引起血清素不足，从而陷入**"血清素不足→饮食不规律→血清素不足→……"的恶性循环**。要切断这种恶性循环，就要有意识地按照本书中介绍的，能够增加血清素的饮食习惯。

还有，**便秘**也是血清素不足引发压力的信号。肠内有大量血清素，一旦其数量减少，消化食物时的肠道蠕动就会减弱，从而导致便秘。如果出现便秘，建议大家用药前先考虑增加血清素。

可见，饮食习惯和行为对于增加血清素起着重要的作用。**一定要记下今天吃过的食物**。当你能够客观观察自己的饮食生活时，血清素就会进一步提高。

摄入合成血清素的原料——

色氨酸、维生素 B_6、碳水化合物。

▌日光浴时间 ▌

俗话说早起三分利。现代人可能回答不上来三分利到底是多少，但大家可以通过这句话意识到早起对身体是有好处的。

单从激活血清素的角度来看，**早起**对于健康和压力的消除具有重要的意义。

前面我讲过，**5-羟色胺能神经元会在晒太阳时启动开关**。晴朗的天气外出时，沐浴在阳光下，大家肯定会有"啊，好舒服"的感觉吧。这种感觉就是5-羟色胺能神经元开启的证据。

特别是在起床时，5-羟色胺能神经元会作用于大脑及自律神经、肌肉等，让身和心都清醒过来。换句话说，5-羟色胺能神经元掌握着开启一天的钥匙。早起，一下拉开窗帘，让早晨的阳光洒满全身，为一天开个好头。昨天的压力在早起的瞬间消失不见，今天可能还会有新的压力，但没关系，调整好的精神状态足以应对这些压力。这里的早起并不是说必须在日出时就起床，在自己能够做到的时间起床即可，重要的是起床时沐浴阳光，**唤醒身心**。

早上日光浴后5-羟色胺能神经元活跃度上升，但如果之后晒不到太阳，其活跃度又会再次下降。所以，早点起床拥抱阳光，工作有压力时就到外面晒晒太阳吧。养成这些习惯，可以很好地消除压力。

不要一直宅在房间里，偶尔外出走走，享受一下日光浴吧。

要注意的是，虽然阳光可以打开激活5-羟色胺能神经元的开关，但日光浴时间太长反而会起反作用。所以，每次20~30分钟为宜。超过30分钟，就会感到疲惫倦怠。这是因为此时5-羟色胺能神经元自身具备的自我抑制功能发挥作用，降低了5-羟色胺能神经元的活跃度。

夏天和冬天的光照强度不同，因此需要根据季节变化调整日光浴的时间。**夏天少晒一会儿，冬天多晒一会儿**，但最长也不要超过1个小时。一定注意不要晒太长时间。

另外，**视网膜受到光的刺激也可以激活5-羟色胺能神经元**。所以如果不能到室外去，那就打开窗帘，让眼睛感受阳光来激活5-羟色胺能神经元。

太阳一直都在，人们习以为常，可能并不觉得这有什么好感激的，但事实是我们每天都受到太阳的恩惠。因此，或许每个人都应该更加珍惜阳光的存在，感谢它孕育了我们的生命。

最近，很多人担心晒日光浴会受紫外线影响而得皮肤癌。我也听说因为害怕紫外线照射，有的父母不让孩子在外面玩耍。其实，对于皮肤黑色素较少的白种人来说，确实存在紫外线诱发皮肤癌的风险，但黄种人的皮肤黑色素比白种人要多，所以不必太在意，只要做好防晒伤的措施即可。再者，我们不在太阳下晒很长时间，所以这并不是大问题。

比起这个，不晒日光浴而导致5-羟色胺能神经元活跃度下降才是问题。因为这样压力无法消除，将会成为疾病的诱因。

英国有一种季节限定版的"灯光咖啡馆"。在这里可以悠闲地坐在沙发上，惬意地享受20分钟左右的灯光浴。我们的家用电灯，光照度最多100~250勒克斯，但"灯光咖啡馆"使用的特殊电灯，其光照强度可以媲美阳光，相当于家用电灯的10~100倍。

这种"灯光咖啡馆"是根据伦敦的气候而建造的。伦敦自秋到冬雨水丰富、雾气较多，经常见不到太阳。再加上气温低，很容易让人窝在家里，因此在这种气候下生活的人们，会出现心情抑郁低落、没有干劲等类似抑郁症的症状。这种现象被称为"季节性情感障碍"，也称"冬季抑郁症"。其原因就在于晒不到阳光导致血清素不足。虽然这种情况仅在冬季出现，但抑郁症可不是什么让人开心的事情。"灯光咖啡馆"就是为了改善这一现象而出现的。

幸运的是我们所处的纬度气候条件优越，光照充足。难得我们有这么好的气候条件，所以我建议大家多晒晒太阳。一定要记下来**早上几点起床，晒了多长时间的日光浴**。这样可以客观地了解自己利用阳光减轻了多少压力，而为了减轻压力又该怎样利用阳光等。

晒晒太阳，

激活 5-羟色胺能神经元，

度过舒适愉快的一天吧！

▌ 节律运动 ▌

运动，有各种各样的目的。但像我前面讲到的那样，能够有效激活5-羟色胺能神经元的不是体育项目类的运动，而是**"节律运动"**，所以无须忍受痛苦或咬牙坚持。为了减肥燃烧脂肪而做的剧烈运动，对激活5-羟色胺能神经元反而会产生相反的效果。

那么，激活5-羟色胺能神经元要做哪些节律运动比较好呢？下面，我来介绍7点。

①每天做相同的节律运动。

经常会有人问做什么运动好呢？其实不用考虑得太复杂，只要是有"节律"地运动就都可以。散步、慢跑、骑行都是节律运动，所以都能活跃5-羟色胺能神经元。

重要的是要每天坚持做相同的运动。不要今天散步，明天慢跑。决定好了要散步，就尽量坚持下去。诀窍就是选择一种做起来让自己感到开心而又能长期持续下去的运动，并且最好不要改变行走或跑步的路线，因为这样可以集中精力去"走"或"跑"，效果更好。

②呼吸法也是一种很棒的节律运动。

现在流行瑜伽和气功等健身方法，它们的基础在于**呼吸法**。有人可能会觉得人本来就一直在呼吸，还有必要重新学习呼吸法吗？但我们这里介绍的呼吸法与我们日常的呼吸并不完全相同。日常的呼吸不能激活5-羟色胺能神经元。要激活5-羟色胺能神经元必须**利用腹肌有意识地练习腹肌呼吸法**。

用腹肌呼吸的要点是将意识集中在吐气上。通常我们说"深呼吸"时，大家会先吸气，但这里的**腹肌呼吸**与之相反，要先吐气。呼一口气，直到不能再吐出气息为止，然后慢慢地吸气，大约练习5分钟，5-羟色胺能神经元就开始活跃了。初学者可以先一次做5分钟，但等到习惯以后，最多也不要超过30分钟。可以在工作和家务的间歇做一做。感到内心舒畅时就停下来，这样可以持久保持舒爽的心情。如果工作很忙，可以在去车站的路上有节奏地练习这种呼吸法，也能很好地激活5-羟色胺能神经元。有意识地练习腹肌呼吸法是非常重要的。

③不长也不短。

5-羟色胺能神经元会在开始节律运动5分钟左右被激活，通常在20~30分钟时达到最高值，此时会感觉头脑和身体都清爽起来，大约在这个时机停止运动是最舒服的。前面也提到过，此时如果继续运动下去，5-羟色胺能神经元的自我抑制机能会发挥作用，造成相反的效果。

运动可以在一天的任意时间进行，但最佳时间是早上。早晨沐浴在阳光下做一些节律运动效果最好。

④选择易操作的简单运动。

最好避开那些复杂运动以及尚不习惯的运动。明明不会游泳却偏要选择游泳反而增加压力。与其如此，不如选择更加简单易行的运动。上班时步行到车站,如果能有意识地感知节奏,也可以是一种很好的运动。从血清素活性的层面上来说,不太推荐动作激烈、不停变化的有氧运动等。

⑤以不感到疲倦为限度,稍微增加强度。

虽说要做一些简单易操作的运动,但如果太单调了,很容易让人厌倦。因此,偶尔增加一些强度也不错。比如散步或慢跑时,可以稍微提高一下速度,或者改为有坡道的路线。一旦形成惰性,5-羟色胺能神经元就难以发挥作用了。所以建议大家偶尔增加强度,让节律运动保持变化。

⑥集中注意力。

比如散步时,到处变换路线或者跟人闲聊,这样是不会激活5-羟色胺能神经元的。走的过程中一定要精力集中。将注意力集中到运动上,5-羟色胺能神经元就能积极发挥作用了。集中精力运动20~30分钟,不仅压力消除了,身体状况也会越来越好。但有一个例外,就是可以边听音乐边运动,因为音乐的节奏也可以很好地刺激5-羟色胺能神经元。

⑦最少坚持3个月。

说起健康养生方法和如何应对压力,很多人想要立竿见影的效果。但是,任何事情在效果出现之前都需要一定的时间。至于5-羟色胺能神经元的激活则至少需要坚持运动3个月。每个人情况不同,也有人在开始激活5-羟色胺能神经元的运动之后,反而感觉身体倦怠。就像跳高时要先屈膝一样,5-羟色胺能神经元在激活之前也要先释放一下自我抑制功能。这可能会被认为是反效果,但跨过这一关，就能取得很大飞跃，获得比预想得还要好的效果。

总之重点是要坚持下去。为此，一定要记录节律运动的情况。这会成为你3个月坚持下去的动力，同时你也能更好地了解自己的变化。

做一做散步和慢跑等

有节奏感又能坚持下去的运动吧！

催产素（助人为乐了吗）

俗话说"好心有好报"。就是说**帮助他人**不仅对别人有益，也能**为自己带来福报**。近几年对脑内物质的研究也从科学的角度证明了这一点。

总之，帮助别人，压力就会消失，身心也会变健康。美国波士顿大学的学者曾做过一次实验，研究深受慢性腰痛之苦的患者得到同样感到痛苦的患者的帮助，助人的患者会发生什么样的变化。根据这项实验，大部分患者回答通过帮助别人痛苦减轻了。此外，同样在美国，在一项3296人参与作答的问卷调查中，受访者被问到"帮助别人时，你的心情会发生什么变化"。报告结果显示，95%的人回答"心情变好了"。此外，还有"感觉很温暖""精神高涨""活力涌现""看待事物更加乐观"等变化。这些变化不是转瞬即逝的，有的可以持续数日。**与人为善，助人为乐，会感到幸福，内心充盈，压力就消失了**。

曾在大荧幕上出现，因此想必很多人知道美国这个有名的医生——帕奇·亚当斯，他将"欢笑"作为一种治疗方法。一天，一名自杀未遂的女性抑郁症患者拜访了他。他建议这名患者**"走出去，做一些帮助别人的事情"**。患者虽然对此将信将疑，但还是听从建议，尽可能多地帮助别人。结果，越助人越快乐，几个月之后，她的抑郁症就治好了。得克萨斯大学的一项调查报告，结果显示志愿者比非志愿者抑郁症状少，也证明这种治疗方法是有效的。

此外，也有研究证明，帮助别人在酒精中毒患者的康复过程中起到了重要的作用。2004年，美国的布朗大学医学部让一部分患者帮助其他患者戒酒，调查助人戒酒的患者戒酒成功的概率。结果显示，40%的助人患者戒酒成功，而没有参与助人的患者戒酒成功率为22%。这是因为通过帮助别人，自己感到快乐，就不再想喝酒的事情了。

这些心理效果，首先是血清素引起的，除此之外，一种被称为**"催产素"**的物质的增加也会产生相同效果。这两种物质可以改善心情，给人带来积极乐观的心态。就像前面讲到的那样，特别是催产素可以增强人与人之间的感情纽带，被称为"幸福激素""爱情激素"，备受人们关注。

催产素是通过与他人的**身体性和精神性接触而分泌**的，而且越帮助别人，分泌越多。可以确定的是，催产素一旦分泌，除了在精神上会"增加对人的亲近感、信赖感""压力消失，获得幸福感"，身体上也能"抑制血压上升""优化心脏机能"等。

另外，也有研究证明照顾宠物也能促进催产素的分泌。英国的一家收治精神病患的机构曾经报道，让患者照顾宠物可以改善他们的精神疾病。

尝试为别人做些事情吧，**捡一捡路边的垃圾，整理一下玄关的鞋子**等。坚持做下去，大脑就会发生一些变化。例如，如果握拳再松开，大脑中与手相关的部位就会被激活。有趣的是，事实上仅仅想象手掌的动作，大脑同样会被激活。也就是说，通过活动手掌或者想象活动手掌，大脑发生了变化。有些患者因脑梗死导致手脚不灵便，但

通过训练激活大脑，双手又能自由活动了。

同样的道理，多行善举，或者只是想象自己帮助别人，大脑就能分泌催产素和血清素。

经常做好事不留名，不知不觉会发现自己看到老人上车会毫不犹豫地让座。惊讶的同时你也会被这样的自己感动。此时，体内分泌的催产素和血清素满溢而出，充盈着无以言说的幸福感，压力也会瞬间消失。

多有意识地去帮助别人，做有益于他人的事情吧。然后，把这些善行记到笔记里。在一次119名女性参与的实验中，71人被要求记录助人的内容和次数，其余48人则不做要求。实验为期一周，参与人员在一周前后分别用数字为自己的幸福感打分。结果显示，记录助人行为的71人幸福感更高。这是因为，通过记录，大脑能够进一步理解助人行为，进而为增加催产素和血清素发挥作用。

捡垃圾、照顾宠物、关心老人，都能增加催产素分泌哦！

▌ 亲密接触 ▐

　　前面我也提到过，比较有名的亲密接触行为是猴子帮同伴整理毛发。在某种情况下，亲密接触本来是指动物为了保持健康和卫生而进行的行为。实际上，猴子的世界也存在严格的上下级关系，也会产生压力。通常情况下，亲密接触就是为了减轻这种压力而进行的行为。亲密接触换句话说就是**肌体接触**。猴子通过肌体接触相互慰藉。

　　肚子疼的时候，妈妈会把手放到我们肚子上。这也许就是肌肤亲密接触的起点。我们经常说"治疗"（日语用"手当"表示），这个说法表明了肌肤亲密接触的重要性。

　　其实亲密接触对于激活催产素和血清素是非常有效的。婴儿经常被妈妈抱着，所以他们的催产素和血清素很活跃。每当被抱起来，压力就消失了。当然也有不要经常抱孩子的育儿法，但从激活催产素和血清素的层面上来说，最好还是尽可能多地抱抱孩子。

　　外国人经常拥抱，这也是激活催产素和血清素的有效办法。痛苦难过时，**一个拥抱就能让人感到温暖踏实**。因为通过拥抱，催产素和血清素被大量分泌出来。日本人觉得难为情，所以不怎么拥抱，但是身体接触越多，人们的内心会越安定。不用太复杂，只是轻轻抚摸家人朋友的后背，或者给他们做一些手部按摩就足够了。尽量多地增加亲密接触的机会吧。

有趣的是，**不仅被接触方，接触方的催产素和血清素也能被激活**。如果妻子抚摸丈夫的背，那么她的催产素和血清素也能被激活。怀抱婴儿的时候，妈妈也会感到幸福，这是因为此时妈妈体内充满了这两种物质。不管是接触方还是被接触方，催产素和血清素都积极地发挥作用。所以，我们没有理由不去利用它吧！

虽说如此，现在还是有人会因为身体亲密接触而不好意思。对于这些人，我的建议是进行精神亲密接触。

以前经常会看到孙子、孙女给爷爷、奶奶揉肩或捶背。小孩的力气不一定足够缓解肌肉酸痛，但爷爷、奶奶都显得很开心。因为通过肌体的接触，催产素和血清素被激活而产生了影响。孩子们也因为跟爷爷、奶奶有了肌体接触，激活了催产素和血清素。他们彼此之间相互影响。而且，揉肩捶背也是很好的**节律运动**。"嗵嗵嗵"，有节奏地捶背或享受捶背，对催产素和血清素是很有效果的。尽管现在已经不常见了，但还是应该保持这种习惯。这样，我们的家庭成员都能身心健康。我们也可以做做按摩，从催产素和血清素的观点来看，按摩时没必要太用力，轻轻触摸，稍稍用力就可以了。当然，按摩的人也能激活催产素和血清素，所以家人之间可以以自己的方式互相按摩。

甚至，不直接接触，只要**共处同一空间**，也能激活催产素和血清素。比如，很多人应该有这种经历：跟好友在家庭餐厅聊着聊着，烦心事少了大半。又或者，压力很大时，跟好友煲个电话粥，挂断电话的瞬间顿感压力减轻了。这也是催产素和血清素在发挥作用。

如果是家人，那么**一家人团圆**效果更好。我想这是压力倍增的当今社会最需要的，就算疲惫不堪地回到家里，只要和家人一起吃个饭、聊聊天，疲劳就会烟消云散。

然而，如今家庭团圆这个词本身已经用得不多了。双职工家庭的父母经常早出晚归，孩子们只能放学后在便利店买点便当就奔赴培训学校。回家后也是立马回到自己的房间打游戏、看电视，根本没有与家人交流的时间。

如果可能的话，周末一家人围坐桌旁，交流一下一周发生的事情，如何？一定要用心和家人多多交流。

另外，虽说现在的年轻人不怎么喝酒，因经济不景气人们喝酒的次数也减少了，但下班去居酒屋，跟朋友、同事边喝边聊依然是公司职员们的习惯。这也可以有效激活催产素和血清素。肩并肩坐在居酒屋的柜台前，正是共享空间的恰当距离，所以能激活催产素和血清素。如此一来，压力就消除了。如果这种习惯减少的话，压力会越来越大。

把一天当中有过的亲密接触记录下来吧。如果完全没有的话，就该引起注意了。希望大家从小事做起，一点点增加亲密接触的机会。

和家人一起开开心心地吃饭，

让疲劳和压力烟消云散吧！

❙ 电脑／手机的使用时间 ❙

　　网络已经成为现代人的必需品。我自己也养成了走到哪儿都要带上笔记本电脑的习惯，所到之处都要检查网络。这确实非常便利，不论在哪里都能查询到各种信息，但是如果**太过依赖网络，会产生很大的压力**。因为以网络为主的生活，很容易造成压力加大并且难以消除的后果。

　　之所以这么说，是因为那些所谓的重度网络用户总是容易宅在家里，而在室内待时间长了，必然**见不到阳光**。因此，5-羟色胺能神经元无法激活，压力也就越积越多。要激活血清素，需要2500勒克斯左右的光照强度，这相当于阴天早上的光照强度。室内光线只有250勒克斯的强度，所以不足以激活5-羟色胺能神经元。

　　第二个原因是**节律运动不足**。电脑属于桌面工作，只有手指在动。这样的话，血清素是不会被激活的。

　　还有人边发信息或边上网边走路。虽然行走是节律运动，可以激活血清素，但是行走的时候必须将精力集中到走路这件事情上。边看手机边走的话，白白浪费了激活血清素的好机会。

　　网络用户总是疏于人与人之间在现实中的交流。邮件、脸书[①]、

――――――――――
① 　脸书：Facebook，美国的一个社交网络服务网站。——译者注

推特①……基于这些网络媒介的交流并不能激活血清素。重要的是现实生活中面对面的沟通。

过分依赖网络，与人真实沟通的意识就会越来越模糊。因为网上交流容易让人产生心灵相通的错觉，很多人会认为面对面交流中的握手、拍背等身体接触都是没用的。于是，5-羟色胺能神经元渐渐不能发挥作用，压力无法消除，越来越多。

一般来说，交流有两种形式。一种是**语言交流**，另一种是**非语言交流**。非语言交流就是通过察言观色及观察对方的声音状态等进行的交流。有种说法是气息相合或气息不相合，我们在生活中也可以通过呼吸等感知是否与对方默契相通。气息相合的时候，大家会感到神清气爽。那是因为**人们产生了共鸣，从而减轻了压力**。

因此，非语言交流对于减轻压力是很有效果的。手机和邮件只能算作语言交流，所以很难产生心灵上的共鸣。打电话的时候，还可以通过声音状态等非文字部分感知对方的情绪，但邮件都是文字内容，通过邮件交流只能获取信息，难以觉察对方的内心（真实想法）。

现在，不论是在工作还是个人生活中，越来越多的情况是只通过短信就能处理事情。正因为如此，我们要尽可能地与人面对面交流。这样，大脑才能更加活跃。

另外还有一个问题就是，网络用户多有**"夜猫子"**的倾向。生物体的规律是在明亮的白天活动，黑夜休息。血清素一到夜晚就会变成褪黑激素，放松疲劳的身体。夜猫子式的生活方式下，节奏混乱，会对身心形成很大的负担。况且如果早上不能早起，就无法享受到激活

---

① 推特：Twitter，一家美国社交网络及微博客服务的网站。——译者注

5-羟色胺能神经元的好伙伴——朝阳的恩惠。

最后，当今世界被称为是信息过度的社会。网络的普及，加速了更多的信息输入。大脑要一直不停地处理这些信息，而处理信息也需要血清素。因此，本来用于消除压力的血清素不断被用来处理源源不断输入的信息，久而久之，就会形成**慢性血清素不足**。信息输入过多的压力和信息处理不完的压力，再加上血清素不足，**让大脑几乎陷入混乱状态**。如何防止这种状态产生呢？一个办法就是**限制上网时间**。特别是要控制自己不要使用电脑或者玩手机到深夜。

当我们无所事事时，很容易感到无聊而上网。预防的方法是**记录上网时间**。回顾并记录自己在哪个网站浏览了多长时间，短信聊天用了多长时间，这样可以**预防对网络的依赖**。

在此基础上，将我一直强调的激活5-羟色胺能神经元的方法付诸实践。晒晒太阳，特别是早上的阳光更加有效；做一些散步、慢跑等节律运动；**咀嚼也是节律运动**，所以可以在用电脑的时候嚼嚼口香糖；和家人一起愉快地进餐；不只利用网络与人交流，也多跟人见面交流。难得有网络这样便利的工具，有意识地控制使用时间，更好地利用它吧。

尽量不要在临睡前看电脑或玩手机哦。

▌ 睡眠时间 ▌

　　睡眠对保持身心健康至关重要。对睡眠起最重要作用的是褪黑激素。大家一定听说过"生物钟"这个词。不仅是人类，动物和植物体内也都存在感知时间并让机体状态顺应时间的机制。早上醒来开始一天的活动，日落后放松身心进入睡眠状态。控制这一切的是一种被称为褪黑激素的物质。

　　早晨在阳光照耀下，体内的生物钟会发出信号，在信号的刺激下褪黑激素停止分泌。这是大脑在发出指令：该起床活动了。到了夜晚，褪黑激素会再次分泌，进入睡眠准备状态。

　　褪黑激素的分泌受光线的控制，所以即便是夜晚，如果在明亮的灯光下，褪黑激素也不易分泌，从而导致失眠。此外，褪黑激素分泌量会随着年龄的增长而减少。因此，上了年纪的老人，往往早上很早醒来，夜里醒很多次。这也是受到褪黑激素不足的影响。

　　除此之外，褪黑激素还有提高免疫力的作用。免疫系统是指生物有机体的一种特殊的保护性生理功能。通俗地讲，是指区分"自己"与"异己"并排除"异己"的机能。据说人体内每天会产生几千个癌细胞。免疫系统会即刻消灭这些癌细胞，防止它们发展壮大，以保护人体。然而，一旦免疫力下降，较小的癌细胞会逃脱免疫系统的监视而不断成长，直到威胁人的生命。在我们睡眠期间，褪黑激素会坚守岗位，增强免疫力，修复人体机能。

褪黑激素还有一个重要的功能，那就是去除活性氧。

活性氧是一种具有很强的攻击性的氧。活性氧增加，身体就会渐渐酸化。酸化就好比生锈。铁钉放到外面，会慢慢生出红色的铁锈，最后变得破烂不堪，这是一种酸化现象。人体活性氧增多，酸化会加速，身体理所当然就会出现状况。活性氧是人体在活动过程中必然产生的物质，通常会通过氧气分解。但如果产生太多活性氧，氧气无法完全分解的话，未被分解的活性氧会做"坏事"，有时会破坏基因导致癌症。褪黑激素就具备去除活性氧的作用。晚上在充分的睡眠中褪黑激素分泌，帮助我们去除破坏细胞的活性氧。

压力增加时会产生大量的活性氧，压力还会让免疫力下降。每天在压力中生活，身体会渐渐受到侵蚀，修复能力也会降低。要防止这些情况的发生，就要保证充足的睡眠，让褪黑激素充分发挥作用。

那么，如何增加褪黑激素呢？实际上，褪黑激素的原料就是血清素。也就是说，血清素如果减少了，褪黑激素就无法合成了。失眠的人经常被说是褪黑激素不足，其根本在于血清素的不足。

要防止陷入褪黑激素不足导致失眠，失眠又导致褪黑激素分泌不足的恶性循环，就要注意增加褪黑激素的合成原料——血清素的分泌。

一定记住我所说的晒日光浴、节律运动、增加亲密接触、助人为乐、不要长时间使用网络等方法。这些都能激活5-羟色胺能神经元，增加血清素分泌量。血清素增加了，就会引导大脑和身体进入睡眠状态。如果不能调整好睡眠节奏，工作效率也无法提高，只单纯增加身心负担，结果就有可能导致抑郁症的发生。从长远来看，最好的办法是在注意到恶性循环发生时就及时将其切断。一点点增加睡眠时间并有意识地记录下来吧。

此外，睡眠还与控制人体的自律神经有着密切的关系。自律神经包含交感神经和副交感神经，人体的设定是白天交感神经发挥作用，到了夜晚变成副交感神经发挥作用，让身心放松。然而，由于现代人压力过大，导致自律神经失衡，交感神经过度发挥作用，所以即便到了晚上，由于副交感神经切换不畅，造成了一个又一个不眠的夜晚。

因此，想要健康的睡眠，就要形成自傍晚开始交感神经休息、副交感神经工作的生活模式。尽量做到定时定点结束工作、**晚上远离工作**，以优先发挥副交感神经的作用。也可以吃点东西或让身体暖和起来。建议大家泡个热水澡，泡澡时可以放些精油。还可以适量喝点酒，让身体放松。

知道睡不着该怎么办了，我们就不会因为失眠而慌乱了。**失眠不会形成很大的压力**。通过做笔记意识到这一点，就能改善睡眠。

能够提高免疫力的褪黑激素的合成，

是以白天产生的血清素为原料的。

▋ 如何过周末 ▋

很多人平时忙于工作，到了周末就什么都不做。但是什么都不做，压力不仅难以消除，反而我们会因为想起烦心事而增加压力。

周末正是激活5-羟色胺能神经元，消除一周的压力，为应对第二周的压力做好准备的好时机。所以，建议大家周末不要一直待在房间里，尽量外出去享受30分钟到1个小时的日光浴。

现在，徒步及登山不仅在中老年之间，在年轻一代之间也很流行，这些对增加血清素很有效。

如果平时就能坚持散步或慢跑，那么**登山**带来的小小负担可以锻炼血清素。而且，要外出登山的话，**早上就得早起，**这样还可以享受**朝阳的沐浴**。这也可以有效激活5-羟色胺能神经元。

登上山顶时的**成就感**，尽收眼底的**美景**，让我们的压力烟消云散。在森林里徒步远足就是森林浴，它也可以消除压力。我们的身体可能感觉很疲劳，但回到家时的**清爽感**远远胜过疲劳感。还有**骑行和游泳**都是不错的选择。

当然你也可以参加兴趣班。喜欢舞蹈的话，**草裙舞**如何？想象着夏威夷湛蓝的天空、碧绿的大海，跟着节奏舞动起来，血清素就会汩汩而出。日本传统舞蹈以及盂兰盆会舞也有同样的效果。

需要注意的是，激烈的舞蹈以及复杂的舞蹈反而会引发压力。

喜欢音乐的朋友，我建议学学**太鼓**。不用费太多体力，不需要复杂的技术，所以即便是中老年人也很容易上手。最近就流行一种被称为"太鼓会"的休闲方式，几个人围成一圈，按顺序即兴敲击太鼓。一方面，敲鼓消除了压力，另一方面，大家一起创作音乐加深了彼此的交流，因此备受青睐。

唱歌也不错，卡拉OK有两个好处。第一个好处是唱歌也是一种呼吸方法。前面我们说过，腹肌呼吸能有效增加血清素，但不断重复吐气、吸气，有些人会觉得痛苦。这些人可以尽情唱歌，也能起到相同的效果。尽量用腹肌呼吸，用腹部发声。

第二个好处是，唱歌也是非常好的节律运动。自己唱歌时会注意节奏，而别人唱歌时合着节拍跳跳舞、哼唱几句，也能激活血清素。

另外，我也建议大家做做**按摩**，保养一下疲劳的身体。按摩本来就属于亲密接触，所以会增加催产素和血清素，消除压力。在充满香氛的干净整洁的沙龙做个按摩，真是一段无以言说的奢侈的时光，压力就在这美妙时光中消散了。

即便如此，还是有人想在假日待在家里，那么我推荐大家泡澡。平时一冲了事的人，难得休息一次，最好泡个热水澡。身子暖和了，血清素就会增加。身体放松了，免疫力随之提高，压力也就消失了。

流泪，特别是大哭对于消除压力有着重要的意义。虽然动物也会流泪，但只有人类才被赋予了"动情的泪水"，这是消减压力的泪水，他们会在有感于电影角色的台词或者被体育比赛中选手的表现所感动而流泪。这些泪水会增加前额叶皮质的血流量，让共情脑积极发挥作用。要想消除积攒的压力，那就不能在大哭时中途停止，而要顺其自然，任泪水不停流出。所以，**周末看一些喜欢的、感人至深的电影或电视剧，痛快淋漓地哭一场吧**。

当然，不要忘记**将周末做了些什么记录下来**。这很重要。观察自己周末做什么事情能够轻松愉快地迎来周一，这样就能找到最适合自己的度过周末的方法。

周末看一部感人的电影，

让压力伴着泪水一起统统流走吧。

第三章

开始记录吧

记录自己的行动

记录前的准备
解压笔记本的使用方法

　　解压笔记本一周需要8页。如图3-1所示，第一页是周一到周五的笔记记录页面示例，第二页是周六、周日的笔记记录页面示例，第三页是一周回顾页面示例。工作日晚上需要记录关于"亲密接触"的内容，到周末晚上换作关于"哭泣"的内容。

图 3-1　解压笔记本一周所需示例

解压笔记本的使用方法，如图3-2、图3-3、图3-4所示。

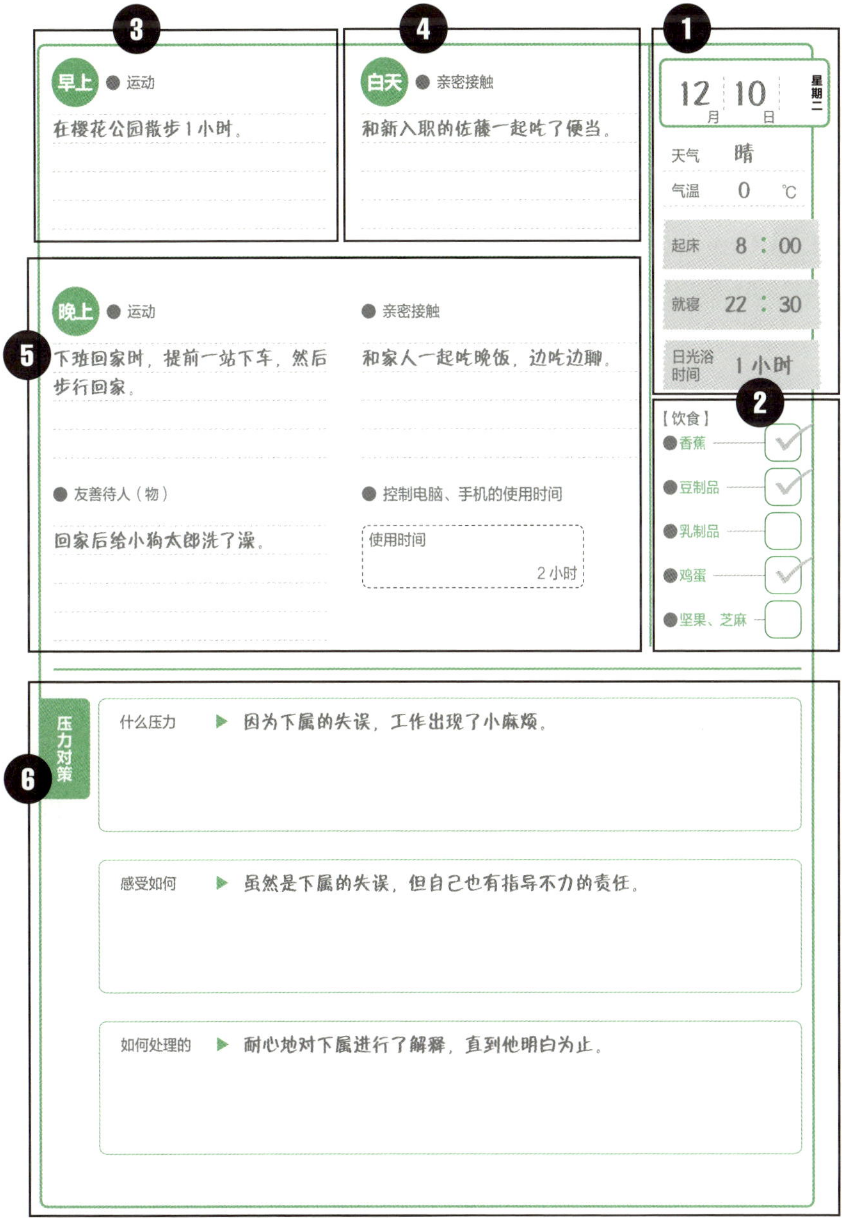

③
早上 ● 运动
在樱花公园散步1小时。

④
白天 ● 亲密接触
和新入职的佐藤一起吃了便当。

①
12 月　10 日　星期二
天气　晴
气温　0 ℃
起床　8：00
就寝　22：30
日光浴时间　1小时

⑤
晚上 ● 运动
下班回家时，提前一站下车，然后步行回家。

● 亲密接触
和家人一起吃了晚饭，边吃边聊。

● 友善待人（物）
回家后给小狗太郎洗了澡。

● 控制电脑、手机的使用时间
使用时间
2小时

②
【饮食】
● 香蕉　✓
● 豆制品　✓
● 乳制品　☐
● 鸡蛋　✓
● 坚果、芝麻　☐

⑥
压力对策

什么压力　▶　因为下属的失误，工作出现了小麻烦。

感受如何　▶　虽然是下属的失误，但自己也有指导不力的责任。

如何处理的　▶　耐心地对下属进行了解释，直到他明白为止。

图3-2　解压笔记本单页使用示例

7

早上 ● 运动	白天 ● 亲密接触
带小狗太郎散步，顺便走到邻街，用了一个半小时。	和新入职的佐藤一起吃了便当。

晚上 ● 运动	● 哭泣
去健身俱乐部游了半个小时泳。	观看了租来的光盘中的电影，感动得泣不成声。

● 友善待人（物）	● 控制电脑、手机的使用时间
对妻子说了句"一直以来，谢谢你"。	使用时间　　　　　3 小时

12 月　**16** 日　星期日

天气　晴

气温　11　℃

起床　9：00

就寝　22：30

日光浴时间　3 小时

【饮食】
● 香蕉　——　✓
● 豆制品　——
● 乳制品　——　✓
● 鸡蛋　——
● 坚果、芝麻　——　✓

压力对策

什么压力　▶ 跑完步后膝盖疼。

感受如何　▶ 跑步时间过长。

如何处理的　▶ 泡了澡，做了按摩。

图 3-3　解压笔记本周日单页使用示例

⑧ 一周回顾 ｜ 记录下一周之内，各项任务完成了多少。

【友善待人(物)】	【亲密接触】	【运动】	【饮食】
记录天数 包含1天	记录天数 包含1天	记录天数 包含1天	记录5种食品中 吃了哪几种，包含1种
▼ ▼ ▼	▼ ▼ ▼	▼ ▼ ▼	▼ ▼ ▼
7日中 **2** 日	7日中 **4** 日	7日中 **3** 日	7日中 **6** 日

备忘录

虽然工作中出现了失误，但通过沟通找到了解决的办法。与家人、朋友一起度过了充实的时光。

⑩ 心灵箴言 人活着就会压力不断，
所以，请记住要坦然接受，静待压力的消失。

图3-4 解压笔记本"一周回顾"使用示例

1 **记录日期、天气、活动时间**

记下日期、天气，以及起床、就寝、日光浴的时间。要点是记录者是否做到了早睡早起、有没有好好晒太阳。

2 **记录饮食**

检查吃过的食物。多摄取香蕉、豆制品、奶制品、鸡蛋、坚果、芝麻等富含血清素合成原料的食品吧。

3 **记录早上的活动**

记下早上做的运动。早上好好晒个太阳，激活5-羟色胺能神经元，开启清爽的一天吧。

4 **记录白天的活动**

记下白天的关于亲密接触的行为。简单地跟人吃个饭或聊会儿天，就可以促进催产素和血清素的分泌。

5 **记录晚上的活动**

记下做了什么运动、进行过什么亲密接触、帮助别人做了什么，以及电脑、手机的使用时间。要点是激活血清素、促进催产素的分泌。

6 **记录应对压力的方法**

记下当天让你感到有压力的事件、对此的感受及处理办法。这样可以找到属于自己的应对压力的办法。

7 **记录周末是如何度过的**

和平时一样做记录。只是，因为流泪可以消除压力，所以周末也要记下让自己流泪的方法。

8 **记录一周回顾**

就算各项只实践过一次也要记下来，分别记录各项付诸实践的总天数。不要有遗漏，这样就能知道自己实践了多少。

9 **记录自己注意到的、感受到的事情**

好吃的食物、开心的事情等这些小事都可以写下来。

10 **一点建议**

介绍应对压力的方法和小知识，作为放松心情的方法，尝试一下吧。

血清素缺乏症对照清单

坚持记录，每个月填写下面的对照清单。这样就能实际感受到做笔记的效果。参考左边的使用方法，记下自己现在的状态吧。

	很强	中等	较弱	完全不
1. 早上头脑不清醒	3	2	1	0
2. 从早上开始感到疲劳	3	2	1	0
3. 早上，身体的某个部位有痛感	3	2	1	0
4. 入睡困难	3	2	1	0
5. 入睡后中途醒来	3	2	1	0
6. 做梦	3	2	1	0
7. 体温低	3	2	1	0
8. 低血压	3	2	1	0
9. 便秘	3	2	1	0
10. 无精打采	3	2	1	0
11. 不由自主地蹲下	3	2	1	0
12. 觉得自己咀嚼能力弱	3	2	1	0
13. 关节和肌肉有慢性疼痛	3	2	1	0
14. 慢性头昏	3	2	1	0
15. 易怒	3	2	1	0
16. 容易沮丧	3	2	1	0
17. 精力不集中	3	2	1	0
18. 长时间使用电脑	3	2	1	0
19. 昼夜颠倒的生活	3	2	1	0
20. 晒太阳的频率少	3	2	1	0

共计　　　分

	很强 ▼	中等 ▼	较弱 ▼	完全不 ▼
1. 早上头脑不清醒	3	2	①	0
2. 从早上开始感到疲劳	3	2	1	⓪
3. 早上，身体的某个部位有痛感	3	2	1	⓪
4. 入睡困难	3	2	①	0
5. 入睡后中途醒来	3	2	1	⓪
6. 做梦	3	②	1	0
7. 体温低	3	2	①	0
8. 低血压	3	2	①	0
9. 便秘	3	2	①	0
10. 无精打采	3	2	1	⓪
11. 不由自主地蹲下	3	2	①	0
12. 觉得自己咀嚼能力弱	3	2	①	0
13. 关节和肌肉有慢性疼痛	3	2	1	⓪
14. 慢性头昏	3	②	1	0
15. 易怒	3	2	①	0
16. 容易沮丧	③	2	1	0
17. 精力不集中	3	2	①	0
18. 长时间使用电脑	③	2	1	0
19. 昼夜颠倒的生活	3	2	①	0
20. 晒太阳的频率少	3	2	1	⓪

① 每个问题的答案画○

"很强"3分，"中等"2分，"较弱"1分，"完全不"0分，分别用○画出来。

② 记录总分

计算用○画出的分数的总和，并记录下来。如果2个月、3个月后的分数比1个月后的分数低就对了。

共计 20 分

③ 对照标准表

将总分对照下面的标准表。最终目标是摆脱血清素缺乏症。

【血清素缺乏症标准表】

0~8分 血清素功能正常

9~20分 血清素缺乏症 **1级**
→ 实行或继续实行3个月的血清素训练

21~40分 血清素缺乏症2级 **2级**
→ 实行或继续实行6个月到1年的血清素训练

41~60分 血清素缺乏症 **3级**
→ 血清素训练+咨询医生

使用解压笔记本前，先记录下目前的压力吧！如图3-5所示。

图 3-5　解压笔记本使用前的压力记录

▍第一个月的笔记 ▍

下面就要开始记录了。

先写下来，重新理解自己的生活和压力吧。

然后，践行血清素训练，

制作属于自己的笔记本吧（图3-6~图3-45）！

解压笔记本 ✏

		星期一
月	日	

早上 ● 运动

白天 ● 亲密接触

天气

气温　　　　℃

晚上 ● 运动

● 亲密接触

起床　　：

就寝　　：

日光浴
时间　　：

● 友善待人（物）

● 控制电脑、手机的使用时间

使用时间

　　　　　　　　　　小时

【饮食】

● 香蕉　　✔

● 豆制品

● 乳制品

● 鸡蛋

● 坚果、芝麻

压力对策

什么压力　▶

感受如何　▶

如何处理的　▶

图 3-6　解压笔记本（第一个月第一周星期一）

早上 ● 运动	白天 ● 亲密接触	星期二

月 ＿ 日

天气

气温 ℃

起床 ：

就寝 ：

日光浴
时间 ：

晚上 ● 运动

● 亲密接触

【饮食】
● 香蕉 ✓
● 豆制品
● 乳制品
● 鸡蛋
● 坚果、芝麻

● 友善待人（物）

● 控制电脑、手机的使用时间

使用时间
小时

压力对策

什么压力 ▶

感受如何 ▶

如何处理的 ▶

图 3-7 解压笔记本（第一个月第一周星期二）

解压笔记本

早上 ● 运动	白天 ● 亲密接触			星期三
		月	日	

天气

气温　　　　　　　℃

起床　　　　：

晚上 ● 运动	● 亲密接触

就寝　　　　：

日光浴
时间　　　　：

【饮食】

● 香蕉　　　✓

● 友善待人（物）	● 控制电脑、手机的使用时间

● 豆制品

使用时间
　　　　　　　　　　　小时

● 乳制品

● 鸡蛋

● 坚果、芝麻

压力对策	什么压力 ▶	
	感受如何 ▶	
	如何处理的 ▶	

图 3-8　解压笔记本（第一个月第一周星期三）

早上 ● 运动	白天 ● 亲密接触	月　　日 星期四

天气

气温　　　　℃

起床	：

就寝	：

日光浴时间	：

晚上 ● 运动　　　　● 亲密接触

【饮食】

● 香蕉　　✓

● 豆制品

● 乳制品

● 友善待人（物）　　● 控制电脑、手机的使用时间

● 鸡蛋

使用时间

　　　　　　　　　小时

● 坚果、芝麻

压力对策

什么压力　▶

感受如何　▶

如何处理的　▶

图 3-9　解压笔记本（第一个月第一周星期四）

早上 ● 运动

白天 ● 亲密接触

晚上 ● 运动

● 亲密接触

● 友善待人（物）

● 控制电脑、手机的使用时间

使用时间

小时

月　　日　　星期五

天气

气温　　　℃

起床　　　：

就寝　　　：

日光浴
时间　　　：

【饮食】

● 香蕉　　✓

● 豆制品

● 乳制品

● 鸡蛋

● 坚果、芝麻

压力对策

什么压力　▶

感受如何　▶

如何处理的　▶

图 3-10　解压笔记本（第一个月第一周星期五）

早上 ● 运动	白天 ● 亲密接触			星期六
		月	日	

天气

气温　　　　　℃

起床　　　　：

就寝　　　　：

日光浴
时间　　　　：

【饮食】

● 香蕉　　　✓

● 豆制品

● 乳制品

● 鸡蛋

● 坚果、芝麻

晚上 ● 运动　　　　　　　● 哭泣

● 友善待人（物）　　　● 控制电脑、手机的使用时间

使用时间

小时

压力对策

什么压力　　▶

感受如何　　▶

如何处理的　▶

图 3-11　解压笔记本（第一个月第一周星期六）

		星期日
	月　日	

早上 ● 运动

白天 ● 亲密接触

晚上 ● 运动

● 哭泣

● 友善待人（物）

● 控制电脑、手机的使用时间

使用时间 _____ 小时

天气

气温 _____ ℃

起床 ：

就寝 ：

日光浴时间 ：

【饮食】
● 香蕉 ✓
● 豆制品
● 乳制品
● 鸡蛋
● 坚果、芝麻

压力对策

什么压力 ▶

感受如何 ▶

如何处理的 ▶

图 3-12　解压笔记本（第一个月第一周星期日）

一 周 回 顾　| 记录下一周之内，各项任务完成了多少。

【友善待人（物）】

记录天数
包含 1 天
▼　▼　▼

```
7 日中

              日
```

【亲密接触】

记录天数
包含 1 天
▼　▼　▼

```
7 日中

              日
```

【运 动】

记录天数
包含 1 天
▼　▼　▼

```
7 日中

              日
```

【饮 食】

记录 5 种食品中
吃了哪几种，包含 1 种
▼　▼　▼

```
7 日中

              日
```

备忘录

_____
_____
_____
_____
_____
_____
_____
_____
_____
_____
_____
_____
_____

心灵箴言　人活着就会压力不断，
所以，请记住要坦然接受，静待压力的消失。

图 3-13　解压笔记本（第一个月第一周回顾）

解压笔记本 ✏️

		星期一
月	日	

早上 ● 运动

白天 ● 亲密接触

天气

气温　　　　℃

晚上 ● 运动

● 亲密接触

起床　　：

就寝　　：

日光浴时间　　：

● 友善待人（物）

● 控制电脑、手机的使用时间

使用时间
　　　　　　　小时

【饮食】
● 香蕉　　✔️
● 豆制品
● 乳制品
● 鸡蛋
● 坚果、芝麻

压力对策

什么压力　▶

感受如何　▶

如何处理的　▶

图 3-14　解压笔记本（第一个月第二周星期一）

早上	● 运动	白天	● 亲密接触			星期二

月　　日

天气

气温　　　　℃

起床　　　:

就寝　　　:

日光浴
时间　　　:

【饮食】
● 香蕉　　✓
● 豆制品
● 乳制品
● 鸡蛋
● 坚果、芝麻

晚上	● 运动		● 亲密接触

● 友善待人（物）　　　● 控制电脑、手机的使用时间

使用时间

小时

压力对策

什么压力　▶

感受如何　▶

如何处理的　▶

图 3-15　解压笔记本（第一个月第二周星期二）

早上 ● 运动	白天 ● 亲密接触	星期三

月　　日

天气

气温　　　　℃

起床　　：

就寝　　：

日光浴
时间　　：

晚上 ● 运动　　　　　　● 亲密接触

【饮食】

● 香蕉　　✓

● 豆制品

● 乳制品

● 鸡蛋

● 坚果、芝麻

● 友善待人（物）　　　　● 控制电脑、手机的使用时间

使用时间
　　　　　　　　　　小时

压力对策

什么压力　▶

感受如何　▶

如何处理的　▶

图 3-16　解压笔记本（第一个月第二周星期三）

| 早上 | ● 运动 | 白天 | ● 亲密接触 |

星期四

月　日

天气

气温　　　　℃

起床　　：

就寝　　：

日光浴
时间　　：

晚上 ● 运动　　　　● 亲密接触

【饮食】

● 香蕉　　✓

● 豆制品

● 乳制品

● 友善待人（物）　　● 控制电脑、手机的使用时间

● 鸡蛋

使用时间

小时

● 坚果、芝麻

压力对策

什么压力　▶

感受如何　▶

如何处理的　▶

图 3-17　解压笔记本（第一个月第二周星期四）

				星期五
	月	日		

早上 ● 运动

白天 ● 亲密接触

天气

气温　　　　　℃

起床　　　　·

晚上 ● 运动

● 亲密接触

就寝　　　　·

日光浴
时间　　　·

● 友善待人（物）

● 控制电脑、手机的使用时间

使用时间
　　　　　　　小时

【饮食】

● 香蕉　　　✓

● 豆制品

● 乳制品

● 鸡蛋

● 坚果、芝麻

压力对策

什么压力　▶

感受如何　▶

如何处理的　▶

图 3-18　解压笔记本（第一个月第二周星期五）

早上 ● 运动	白天 ● 亲密接触	星期六

天气

气温　　　　℃

起床　　：

就寝　　：

日光浴
时间　　：

晚上 ● 运动	● 哭泣

【饮食】

● 香蕉　　✓

● 豆制品

● 乳制品

● 鸡蛋

● 坚果、芝麻

● 友善待人（物）	● 控制电脑、手机的使用时间

使用时间
　　　　　　　　小时

压力对策

什么压力　▶

感受如何　▶

如何处理的　▶

图 3-19　解压笔记本（第一个月第二周星期六）

解压笔记本

早上 ● 运动		白天 ● 亲密接触	

星期日

月　日

天气

气温　　　℃

起床　：

就寝　：

日光浴
时间　：

晚上 ● 运动		● 哭泣	

【饮食】

● 香蕉　✓

● 豆制品

● 乳制品

● 鸡蛋

● 坚果、芝麻

● 友善待人（物）　　　● 控制电脑、手机的使用时间

使用时间

小时

压力对策

什么压力　▶

感受如何　▶

如何处理的　▶

图 3-20　解压笔记本（第一个月第二周星期日）

一 周 回 顾 ｜ 记录下一周之内，各项任务完成了多少。

【友善待人（物）】	【亲密接触】	【运动】	【饮食】
记录天数 包含 1 天 ▼ ▼ ▼	记录天数 包含 1 天 ▼ ▼ ▼	记录天数 包含 1 天 ▼ ▼ ▼	记录 5 种食品中 吃了哪几种，包含 1 种 ▼ ▼ ▼
7 日中 日	7 日中 日	7 日中 日	7 日中 日

备忘录

心灵箴言　和孩子一起泡澡也是亲密接触的一种。
　　　　　请一定把这当作习惯，实现亲子间的亲密接触。

图 3-21　解压笔记本（第一个月第二周一周回顾）

解压笔记本

第 三 周

| | | 星期一 |
|月| 日 | |

早上 ● 运动

白天 ● 亲密接触

晚上 ● 运动

● 亲密接触

● 友善待人（物）

● 控制电脑、手机的使用时间

使用时间

小时

天气

气温　　　　℃

起床 ：

就寝 ：

日光浴时间 ：

【饮食】
● 香蕉　✓
● 豆制品
● 乳制品
● 鸡蛋
● 坚果、芝麻

压力对策

什么压力 ▶

感受如何 ▶

如何处理的 ▶

图 3-22　解压笔记本（第一个月第三周星期一）

早上	● 运动	白天	● 亲密接触			星期二

| | | | 月 | 日 | |

天气

气温　　　　　　℃

起床　　　　：

就寝　　　　：

日光浴
时间　　　　：

【饮食】

● 香蕉　　　✓

● 豆制品

● 乳制品

● 鸡蛋

● 坚果、芝麻

| 晚上 | ● 运动 | | ● 亲密接触 |

● 友善待人（物）　　　　● 控制电脑、手机的使用时间

使用时间
　　　　　　　　　　　　小时

压力对策

什么压力　▶

感受如何　▶

如何处理的　▶

图 3-23　解压笔记本（第一个月第三周星期二）

早上 ● 运动

白天 ● 亲密接触

晚上 ● 运动

● 亲密接触

● 友善待人（物）

● 控制电脑、手机的使用时间

使用时间

小时

星期三

月　　日

天气

气温　　℃

起床　　：

就寝　　：

日光浴
时间　　：

【饮食】

● 香蕉　　☑

● 豆制品　　☐

● 乳制品　　☐

● 鸡蛋　　☐

● 坚果、芝麻　　☐

压力对策

什么压力　▶

感受如何　▶

如何处理的　▶

图 3-24　解压笔记本（第一个月第三周星期三）

早上 ● 运动	白天 ● 亲密接触	星期四

月　日

天气

气温　　　　℃

起床　　　　：

就寝　　　　：

日光浴
时间　　　　：

【饮食】

● 香蕉　　✓

● 豆制品　☐

● 乳制品　☐

● 鸡蛋　　☐

● 坚果、芝麻　☐

晚上 ● 运动	● 亲密接触

● 友善待人（物）

● 控制电脑、手机的使用时间

使用时间
　　　　　　　　　小时

压力对策

什么压力　▶

感受如何　▶

如何处理的　▶

图 3-25　解压笔记本（第一个月第三周星期四）

解压笔记本

早上 ● 运动	白天 ● 亲密接触

	星期五
月 日	

天气

气温 ℃

起床	：
就寝	：
日光浴时间	：

晚上 ● 运动　　　　　　　● 亲密接触

● 友善待人（物）

● 控制电脑、手机的使用时间

使用时间　　　　　　　　小时

【饮食】

● 香蕉　✓

● 豆制品

● 乳制品

● 鸡蛋

● 坚果、芝麻

压力对策

什么压力　▶

感受如何　▶

如何处理的　▶

图 3-26　解压笔记本（第一个月第三周星期五）

早上 ● 运动

白天 ● 亲密接触

晚上 ● 运动

● 哭泣

● 友善待人（物）

● 控制电脑、手机的使用时间

使用时间

　　　　　　　　　　　　　　小时

星期六

月　　日

天气

气温　　　　　℃

起床　　　　：

就寝　　　　：

日光浴
时间　　　　：

【饮食】

● 香蕉　　✓

● 豆制品

● 乳制品

● 鸡蛋

● 坚果、芝麻

压力对策

什么压力　▶

感受如何　▶

如何处理的　▶

图 3-27　解压笔记本（第一个月第三周星期六）

早上 ● 运动	**白天** ● 亲密接触

<table>
<tr><td>星期日</td></tr>
<tr><td>月 日</td></tr>
</table>

天气

气温　　　　　℃

起床　：

就寝　：

日光浴
时间　：

【饮食】
● 香蕉　✓

● 豆制品

● 乳制品

● 鸡蛋

● 坚果、芝麻

晚上 ● 运动	● 哭泣

● 友善待人（物）

● 控制电脑、手机的使用时间

使用时间
　　　　　　　　　　小时

压力对策

什么压力　▶

感受如何　▶

如何处理的　▶

图 3-28　解压笔记本（第一个月第三周星期日）

一周回顾 记录下一周之内，各项任务完成了多少。

【友善待人(物)】	【亲密接触】	【运动】	【饮食】
记录天数 包含1天	记录天数 包含1天	记录天数 包含1天	记录5种食品中 吃了哪几种，包含1种
▼▼▼	▼▼▼	▼▼▼	▼▼▼
7日中　　日	7日中　　日	7日中　　日	7日中　　日

备忘录

心灵箴言 平时易怒的人，一般血清素机能低下，而血清素可以让人保持平常心。所以，这些人需要增加血清素。

图 3-29　解压笔记本（第一个月第三周一周回顾）

解压笔记本

早上 ● 运动

白天 ● 亲密接触

....

....

....

....

....

....

晚上 ● 运动

● 亲密接触

....

....

....

....

● 友善待人（物）

● 控制电脑、手机的使用时间

....

....

....

使用时间

小时

星期一

月　日

天气

气温　　　　℃

起床	：
就寝	：
日光浴时间	：

【饮食】
● 香蕉 ──── ✓
● 豆制品 ────
● 乳制品 ────
● 鸡蛋 ────
● 坚果、芝麻 ────

压力对策

什么压力　▶

感受如何　▶

如何处理的　▶

图 3-30　解压笔记本（第一个月第四周星期一）

早上　● 运动	白天　● 亲密接触			星期二

月　　　日　　　星期二

天气

气温　　　　　℃

起床　　　　：

就寝　　　　：

日光浴
时间　　　：

【饮食】
● 香蕉　　✓

● 豆制品

● 乳制品

● 鸡蛋

● 坚果、芝麻

晚上　● 运动　　　　　　　● 亲密接触

● 友善待人（物）　　　　● 控制电脑、手机的使用时间

使用时间
小时

压力对策

什么压力　▶

感受如何　▶

如何处理的　▶

图 3-31　解压笔记本（第一个月第四周星期二）

早上	● 运动	白天	● 亲密接触

星期三

月　　日

天气

气温　　　　℃

起床	：

晚上	● 运动		● 亲密接触

就寝	：

日光浴时间	：

● 友善待人（物）　　　　● 控制电脑、手机的使用时间

使用时间
　　　　　　　　　小时

【饮食】

● 香蕉　　☑

● 豆制品

● 乳制品

● 鸡蛋

● 坚果、芝麻

压力对策	什么压力　▶
	感受如何　▶
	如何处理的　▶

图 3-32　解压笔记本（第一个月第四周星期三）

早上 ● 运动

白天 ● 亲密接触

晚上 ● 运动

● 亲密接触

● 友善待人（物）

● 控制电脑、手机的使用时间

使用时间

小时

星期四

月　　日

天气

气温　　　℃

起床　　：

就寝　　：

日光浴
时间　　：

【饮食】
● 香蕉　　✓
● 豆制品
● 乳制品
● 鸡蛋
● 坚果、芝麻

压力对策

什么压力　▶

感受如何　▶

如何处理的　▶

图 3-33　解压笔记本（第一个月第四周星期四）

解压笔记本

| 早上 ● 运动 | 白天 ● 亲密接触 | | 星期五 |
| | | 月　　日 | |

天气

气温　　　　℃

起床　　　：

就寝　　　：

日光浴
时间　　　：

晚上 ● 运动　　　　　　● 亲密接触

【饮食】

● 香蕉　　　✓

● 豆制品

● 友善待人（物）　　　　● 控制电脑、手机的使用时间

● 乳制品

使用时间　　　　　　　　小时

● 鸡蛋

● 坚果、芝麻

压力对策

什么压力　▶

感受如何　▶

如何处理的　▶

图 3-34　解压笔记本（第一个月第四周星期五）

早上 ● 运动	白天 ● 亲密接触		星期六
		月　　日	

天气

气温　　　　　℃

起床　　　　：

就寝　　　　：

日光浴时间　　：

晚上 ● 运动	● 哭泣

【饮食】

● 香蕉　　　✓

● 豆制品

● 乳制品

● 友善待人（物）	● 控制电脑、手机的使用时间
	使用时间 　　　　　　小时

● 鸡蛋

● 坚果、芝麻

压力对策

什么压力　▶

感受如何　▶

如何处理的　▶

图 3-35　解压笔记本（第一个月第四周星期六）

早上 ● 运动

白天 ● 亲密接触

晚上 ● 运动

● 哭泣

● 友善待人（物）

● 控制电脑、手机的使用时间

使用时间

小时

星期日

月　日

天气

气温　　　℃

起床　　：

就寝　　：

日光浴
时间　　：

【饮食】
● 香蕉　✓
● 豆制品
● 乳制品
● 鸡蛋
● 坚果、芝麻

压力对策

什么压力　▶

感受如何　▶

如何处理的　▶

图 3-36　解压笔记本（第一个月第四周星期日）

一周回顾 | 记录下一周之内，各项任务完成了多少。

【友善待人（物）】
记录天数
包含 1 天
▼　▼　▼

7 日中

日

【亲密接触】
记录天数
包含 1 天
▼　▼　▼

7 日中

日

【运动】
记录天数
包含 1 天
▼　▼　▼

7 日中

日

【饮食】
记录 5 种食品中
吃了哪几种，包含 1 种
▼　▼　▼

7 日中

日

备忘录

————————————————————————————————

————————————————————————————————

————————————————————————————————

————————————————————————————————

————————————————————————————————

————————————————————————————————

————————————————————————————————

————————————————————————————————

————————————————————————————————

————————————————————————————————

————————————————————————————————

————————————————————————————————

心灵箴言 午睡15分钟左右，可以有效缓解大脑疲劳。
如果白天睡太多晚上就会睡不着，所以注意不要睡太长时间。

图 3-37 解压笔记本（第一个月第四周一周回顾）

解压笔记本

		星期一
	月 日	

早上 ● 运动

白天 ● 亲密接触

晚上 ● 运动　　　　　　　　● 亲密接触

● 友善待人（物）　　　　　　● 控制电脑、手机的使用时间

使用时间
　　　　　　　　小时

天气

气温　　　　　℃

起床　　　：

就寝　　　：

日光浴
时间　　　：

【饮食】
● 香蕉　　　☑
● 豆制品　　☐
● 乳制品　　☐
● 鸡蛋　　　☐
● 坚果、芝麻 ☐

压力对策

什么压力　▶

感受如何　▶

如何处理的　▶

图 3-38　解压笔记本（第一个月第五周星期一）

早上	● 运动		白天	● 亲密接触

星期二

月　　日

天气

气温　　　　℃

起床　　　：

就寝　　　：

日光浴
时间　　　：

【饮食】

● 香蕉 ✓

● 豆制品

● 乳制品

● 鸡蛋

● 坚果、芝麻

晚上	● 运动		● 亲密接触

● 友善待人（物）

● 控制电脑、手机的使用时间

使用时间
　　　　　　　　　　小时

压力对策

什么压力　▶

感受如何　▶

如何处理的　▶

图 3-39　解压笔记本（第一个月第五周星期二）

早上 ● 运动

白天 ● 亲密接触

星期三

月　　日

天气

气温　　　　℃

起床　　　：

就寝　　　：

日光浴
时间　　　：

晚上 ● 运动

● 亲密接触

【饮食】
● 香蕉 ☑

● 豆制品

● 乳制品

● 友善待人（物）

● 控制电脑、手机的使用时间

使用时间
　　　　　　　　　小时

● 鸡蛋

● 坚果、芝麻

压力对策

什么压力　▶

感受如何　▶

如何处理的　▶

图 3-40　解压笔记本（第一个月第五周星期三）

早上 ● 运动	白天 ● 亲密接触	星期四

月　　日

天气

气温　　　℃

起床　：

就寝　：

日光浴
时间　：

晚上 ● 运动	● 亲密接触

【饮食】

● 香蕉　　✓

● 豆制品

● 乳制品

● 鸡蛋

● 坚果、芝麻

● 友善待人（物）　　　● 控制电脑、手机的使用时间

使用时间
　　　　　　　　小时

压力对策

什么压力　▶

感受如何　▶

如何处理的　▶

图 3-41　解压笔记本（第一个月第五周星期四）

解压笔记本

| 早上 ● 运动 | 白天 ● 亲密接触 |

| 晚上 ● 运动 | ● 亲密接触 |

● 友善待人（物）

● 控制电脑、手机的使用时间

使用时间

小时

星期五

月　日

天气

气温　　　℃

起床　　：

就寝　　：

日光浴
时间　　：

【饮食】

● 香蕉　　✓

● 豆制品

● 乳制品

● 鸡蛋

● 坚果、芝麻

压力对策

什么压力　▶

感受如何　▶

如何处理的　▶

图 3-42　解压笔记本（第一个月第五周星期五）

106

早上 ● 运动	白天 ● 亲密接触	星期六

月　　日

天气

气温　　　℃

起床　　：

就寝　　：

日光浴
时间　　：

晚上 ● 运动　　　　　● 哭泣

【饮食】
● 香蕉　　✓
● 豆制品
● 乳制品
● 鸡蛋
● 坚果、芝麻

● 友善待人（物）　　　● 控制电脑、手机的使用时间

使用时间　　　　　　小时

压力对策

什么压力 ▶

感受如何 ▶

如何处理的 ▶

图 3-43　解压笔记本（第一个月第五周星期六）

		星期日
	月　　日	

早上 ● 运动

白天 ● 亲密接触

晚上 ● 运动

● 哭泣

● 友善待人（物）

● 控制电脑、手机的使用时间

使用时间
　　　　　　　　　　　小时

天气

气温　　　　　　℃

起床　　　：

就寝　　　：

日光浴
时间　　　：

【饮食】

● 香蕉　　　　✓

● 豆制品

● 乳制品

● 鸡蛋

● 坚果、芝麻

压力对策

什么压力　▶

感受如何　▶

如何处理的　▶

图 3-44　解压笔记本（第一个月第五周星期日）

一 周 回 顾 ｜ 记录下一周之内，各项任务完成了多少。

【友善待人（物）】	【亲密接触】	【运动】	【饮食】
记录天数 包含 1 天 ▼ ▼ ▼	记录天数 包含 1 天 ▼ ▼ ▼	记录天数 包含 1 天 ▼ ▼ ▼	记录 5 种食品中 吃了哪几种，包含 1 种 ▼ ▼ ▼
7 日中 　　日	7 日中 　　日	7 日中 　　日	7 日中 　　日

备忘录

_____

_____

_____

_____

_____

_____

_____

_____

_____

_____

_____

_____

心灵箴言　人们会在无意识中通过动作、表情、声音等读取对方的情绪。
大脑的前额叶皮质就是发挥这种功能的重要部分，这种功能是社会生活中不可或缺的。

图 3-45　解压笔记本（第一个月第五周一周回顾）

血清素缺乏症对照清单

与开始记录前相比有变化吗？每次对照血清素缺乏症标准表，确认自己的状态，减少得分，哪怕只减少一点点分数。

		很强	中等	较弱	完全不
1.	早上头脑不清醒	3	2	1	0
2.	从早上开始感到疲劳	3	2	1	0
3.	早上，身体的某个部位有痛感	3	2	1	0
4.	入睡困难	3	2	1	0
5.	入睡后中途醒来	3	2	1	0
6.	做梦	3	2	1	0
7.	体温低	3	2	1	0
8.	低血压	3	2	1	0
9.	便秘	3	2	1	0
10.	无精打采	3	2	1	0
11.	不由自主地蹲下	3	2	1	0
12.	觉得自己咀嚼能力弱	3	2	1	0
13.	关节和肌肉有慢性疼痛	3	2	1	0
14.	慢性头昏	3	2	1	0
15.	易怒	3	2	1	0
16.	容易沮丧	3	2	1	0
17.	精力不集中	3	2	1	0
18.	长时间使用电脑	3	2	1	0
19.	昼夜颠倒的生活	3	2	1	0
20.	晒太阳的频率少	3	2	1	0

共计　　　分

使用解压笔记本1个月后，记录下目前的压力状况吧！如图3-46所示。

图 3-46 解压笔记本使用 1 个月后的压力记录

咀嚼可以增加大脑的血流量和血清素

"要细嚼慢咽！"

很多人被父母或老师这样提醒过吧。但有事要出门匆忙吃几口，或者边看电视边吃，渐渐地让咀嚼变得敷衍了事。

咀嚼食物，有各种意义和效果，并不是单纯地嚼碎食物使其更容易下咽、帮助消化这么简单。

通过充分地咀嚼，大脑血液循环变得顺畅。咀嚼真的非常重要，因为它甚至可以预防老年痴呆。大脑血流通畅了，就算有压力，也能提高应对压力的能力。即便有些压力，大脑也能发挥作用很好地消除它们。

另外，咀嚼还可以增加血清素的分泌，因为咀嚼是一种节律运动。棒球或足球比赛中有些选手会嚼口香糖，这是有充分的理由的。选手通过咀嚼，能够促进血清素的分泌，激活大脑，提高注意力，减少压力。

如果要为咀嚼设定一定次数以上的目标，反而可能增加压力，所以只要做到有节奏地咀嚼就好。建议大家每天记录是否做到了认真咀嚼食物。

用"人人皆可行的简单冥想",从压力中解放出来吧

下面介绍促进血清素和催产素分泌的冥想和呼吸法。

这些方法简单易行,所以一定要尝试!

你可以根据自身的情况,合理安排冥想的时间和次数。

1 **慢慢坐在椅子上**

首先,慢慢地坐在椅子上,让心情平静下来。

2 **意识集中到呼吸上**

集中注意力,慢慢地深呼吸。

**③ 脑海中浮现心爱
之人的身影**

在内心祈祷将心爱的人从
痛苦中解放出来。

④ 同样为自己祈祷

最后也祝愿自己幸福。
通过这个冥想，血清素和
催产素会被分泌出来，从
而减轻压力。

▌第二个月的笔记 ▌

通过第一个月记录自己的活动，一定有很多发现吧。

那么，第二个月让我们以第一个月为基础，

以第三个月为目标，

不间断地记录下去吧（图3-47~图3-86）！

第 一 周

	早上 ● 运动		白天 ● 亲密接触

星期一
月 ⋮ 日

天气

气温　　　　℃

起床　　　　·

就寝　　　　·

日光浴
时间　　　·

【饮食】

● 香蕉　　☑

● 豆制品　☐

● 乳制品　☐

● 鸡蛋　　☐

● 坚果、芝麻 ☐

晚上 ● 运动　　　　　　　● 亲密接触

● 友善待人（物）　　　　● 控制电脑、手机的使用时间

使用时间
　　　　　　　　　　小时

压力对策

什么压力 ▶

感受如何 ▶

如何处理的 ▶

图 3-47　解压笔记本（第二个月第一周星期一）

| 早上 ● 运动 | 白天 ● 亲密接触 | 月 日 星期二 |

早上 ● 运动

白天 ● 亲密接触

| 月 | 日 | 星期二 |

天气

气温 ℃

起床 ：

就寝 ：

日光浴 时间 ：

【饮食】

● 香蕉 ✓

● 豆制品

● 乳制品

● 鸡蛋

● 坚果、芝麻

晚上 ● 运动

● 亲密接触

● 友善待人（物）

● 控制电脑、手机的使用时间

使用时间

小时

压力对策

什么压力 ▶

感受如何 ▶

如何处理的 ▶

图 3-48 解压笔记本（第二个月第一周星期二）

			星期三
	月	日	

早上 ● 运动

白天 ● 亲密接触

天气

气温 ℃

晚上 ● 运动

● 亲密接触

起床 ·

就寝 ·

日光浴 时间 ·

● 友善待人（物）

● 控制电脑、手机的使用时间

使用时间

　　　　　　　　　　小时

【饮食】
● 香蕉 ☑
● 豆制品
● 乳制品
● 鸡蛋
● 坚果、芝麻

压力对策

什么压力 ▶

感受如何 ▶

如何处理的 ▶

图 3-49　解压笔记本（第二个月第一周星期三）

| 早上 | ● 运动 | | 白天 | ● 亲密接触 |

		星期四
月	日	

天气

气温　　　℃

起床　　：

就寝　　：

日光浴
时间　　：

【饮食】

● 香蕉 ── ✓

● 豆制品 ── ☐

● 乳制品 ── ☐

● 鸡蛋 ── ☐

● 坚果、芝麻 ── ☐

晚上 ● 运动　　　　　● 亲密接触

● 友善待人（物）　　● 控制电脑、手机的使用时间

使用时间
　　　　　　小时

压力对策

什么压力　▶

感受如何　▶

如何处理的　▶

图 3-50　解压笔记本（第二个月第一周星期四）

			星期五
	月	日	

早上 ● 运动　　　　　**白天** ● 亲密接触

天气

气温　　　　　℃

晚上 ● 运动　　　　　● 亲密接触

起床

就寝

日光浴时间

● 友善待人（物）　　　　● 控制电脑、手机的使用时间

使用时间　　　　　　　　小时

【饮食】

● 香蕉　　　☑

● 豆制品

● 乳制品

● 鸡蛋

● 坚果、芝麻

压力对策

什么压力　▶

感受如何　▶

如何处理的　▶

图 3-51　解压笔记本（第二个月第一周星期五）

			星期六
月	日		

早上 ● 运动

白天 ● 亲密接触

天气

气温　　　　℃

起床　　　：

晚上 ● 运动

● 哭泣

就寝　　　：

日光浴
时间　　：

【饮食】
● 香蕉　　　✓

● 友善待人（物）

● 控制电脑、手机的使用时间

使用时间

　　　　　　　小时

● 豆制品

● 乳制品

● 鸡蛋

● 坚果、芝麻

压力对策

什么压力　▶

感受如何　▶

如何处理的　▶

图 3-52　解压笔记本（第二个月第一周星期六）

		星期日
	月	日

早上 ● 运动

白天 ● 亲密接触

晚上 ● 运动

● 哭泣

● 友善待人（物）

● 控制电脑、手机的使用时间

使用时间
小时

天气

气温 ℃

起床 ：

就寝 ：

日光浴
时间 ：

【饮食】
● 香蕉 ✓
● 豆制品
● 乳制品
● 鸡蛋
● 坚果、芝麻

压力对策

什么压力 ▶

感受如何 ▶

如何处理的 ▶

图 3-53　解压笔记本（第二个月第一周星期日）

一 周 回 顾

记录下一周之内，各项任务完成了多少。

【友善待人(物)】

记录天数
包含 1 天

▼ ▼ ▼

7 日中

日

【亲密接触】

记录天数
包含 1 天

▼ ▼ ▼

7 日中

日

【运 动】

记录天数
包含 1 天

▼ ▼ ▼

7 日中

日

【饮 食】

记录 5 种食品中
吃了哪几种，包含 1 种

▼ ▼ ▼

7 日中

日

备忘录

心灵箴言 咖啡因不仅可以提神，还会阻碍褪黑激素的分泌，
所以睡觉之前要少喝含咖啡因的饮料。

图 3-54 解压笔记本（第二个月第一周一周回顾）

解压笔记本

早上 ● 运动

白天 ● 亲密接触

晚上 ● 运动

● 亲密接触

● 友善待人（物）

● 控制电脑、手机的使用时间

使用时间

小时

星期一

月　　日

天气

气温　　　℃

起床　　：

就寝　　：

日光浴
时间　　：

【饮食】

●香蕉　　　✓

●豆制品

●乳制品

●鸡蛋

●坚果、芝麻

压力对策

什么压力　▶

感受如何　▶

如何处理的　▶

图 3-55　解压笔记本（第二个月第二周星期一）

| 早上 | ● 运动 | 白天 | ● 亲密接触 |

					星期二
		月		日	

天气

气温　　　　　℃

起床	:

就寝	:

日光浴时间	:

【饮食】

● 香蕉　　　　　✓

● 豆制品

● 乳制品

● 鸡蛋

● 坚果、芝麻

| 晚上 | ● 运动 | | ● 亲密接触 |

● 友善待人（物）　　　● 控制电脑、手机的使用时间

使用时间

　　　　　　　　　　　　小时

压力对策

什么压力　　▶

感受如何　　▶

如何处理的　　▶

图 3-56　解压笔记本（第二个月第二周星期二）

解压笔记本

| 早上 | ● 运动 |
| 白天 | ● 亲密接触 |

| 晚上 | ● 运动 |
| | ● 亲密接触 |

● 友善待人（物）

● 控制电脑、手机的使用时间

使用时间　　　　　　　　小时

星期三

月　　日

天气

气温　　　　　℃

起床　　：

就寝　　：

日光浴
时间　　：

【饮食】

● 香蕉　　✓

● 豆制品

● 乳制品

● 鸡蛋

● 坚果、芝麻

压力对策

什么压力　▶

感受如何　▶

如何处理的　▶

图 3-57　解压笔记本（第二个月第二周星期三）

早上 ● 运动	**白天** ● 亲密接触	星期四

月　　　日

天气

气温　　　　℃

起床　　：

就寝　　：

日光浴时间　　：

晚上 ● 运动　　　　　　● 亲密接触

【饮食】

● 香蕉　　　✓

● 豆制品

● 乳制品

● 友善待人（物）　　　● 控制电脑、手机的使用时间

使用时间　　　　　　小时

● 鸡蛋

● 坚果、芝麻

压力对策

什么压力　▶

感受如何　▶

如何处理的　▶

图 3-58　解压笔记本（第二个月第二周星期四）

早上 ● 运动	白天 ● 亲密接触

晚上 ● 运动	● 亲密接触

● 友善待人（物）	● 控制电脑、手机的使用时间

使用时间

小时

星期五

月　日

天气

气温　　　℃

起床

就寝

日光浴时间

【饮食】
● 香蕉　✔

● 豆制品

● 乳制品

● 鸡蛋

● 坚果、芝麻

压力对策

什么压力　▶

感受如何　▶

如何处理的　▶

图 3-59　解压笔记本（第二个月第二周星期五）

		星期六
月	日	

早上 ● 运动

白天 ● 亲密接触

晚上 ● 运动

● 哭泣

● 友善待人（物）

● 控制电脑、手机的使用时间

使用时间

小时

天气

气温　　　　℃

起床　　　：

就寝　　　：

日光浴
时间　　：

【饮食】
● 香蕉　✓
● 豆制品
● 乳制品
● 鸡蛋
● 坚果、芝麻

压力对策

什么压力　▶

感受如何　▶

如何处理的　▶

图 3-60　解压笔记本（第二个月第二周星期六）

129

		星期日
	月　　　日	

早上 ● 运动

白天 ● 亲密接触

天气

气温　　　　℃

起床

就寝

日光浴时间

晚上 ● 运动

● 哭泣

【饮食】
● 香蕉　　　✓
● 豆制品
● 乳制品
● 鸡蛋
● 坚果、芝麻

● 友善待人（物）

● 控制电脑、手机的使用时间

使用时间
　　　　　　　　小时

压力对策

什么压力　▶

感受如何　▶

如何处理的　▶

图 3-61　解压笔记本（第二个月第二周星期日）

一周回顾 | 记录下一周之内，各项任务完成了多少。

【友善待人(物)】
记录天数
包含1天
▼ ▼ ▼

7日中

日

【亲密接触】
记录天数
包含1天
▼ ▼ ▼

7日中

日

【运动】
记录天数
包含1天
▼ ▼ ▼

7日中

日

【饮食】
记录5种食品中
吃了哪几种，包含1种
▼ ▼ ▼

7日中

日

备忘录

心灵箴言 游戏世界比现实的交流更简单，所以整晚玩游戏的人会前额叶皮质血流不畅。
玩游戏要适可而止。

图 3-62 解压笔记本（第二个月第二周一周回顾）

解压笔记本

星期一

月　日

天气

气温　　　℃

起床　　：

就寝　　：

日光浴
时间　　：

【饮食】
●香蕉 ———— ✓
●豆制品 ————
●乳制品 ————
●鸡蛋 ————
●坚果、芝麻 —

早上　● 运动

白天　● 亲密接触

晚上　● 运动

● 亲密接触

● 友善待人（物）

● 控制电脑、手机的使用时间

使用时间
　　　　　　　小时

压力对策

什么压力　▶

感受如何　▶

如何处理的　▶

图 3-63　解压笔记本（第二个月第三周星期一）

早上 ● 运动	白天 ● 亲密接触	星期二

| | | 月 日 |

天气

气温　　　　℃

起床　　：

就寝　　：

日光浴
时间　　：

| 晚上 ● 运动 | ● 亲密接触 |

【饮食】

● 香蕉 ──── ✓

● 豆制品 ────

● 乳制品 ────

| ● 友善待人（物） | ● 控制电脑、手机的使用时间 |

● 鸡蛋 ────

使用时间

小时

● 坚果、芝麻 ────

压力对策

什么压力 ▶

感受如何 ▶

如何处理的 ▶

图 3-64　解压笔记本（第二个月第三周星期二）

解压笔记本

| 早上 | ● 运动 | 白天 | ● 亲密接触 |

		星期三
	月	日

天气

气温 ℃

| 起床 | ： |

| 就寝 | ： |

| 日光浴时间 | ： |

【饮食】

● 香蕉 ✓

● 豆制品

● 乳制品

● 鸡蛋

● 坚果、芝麻

| 晚上 | ● 运动 | | ● 亲密接触 |

● 友善待人（物）

● 控制电脑、手机的使用时间

使用时间

小时

压力对策

什么压力 ▶

感受如何 ▶

如何处理的 ▶

图 3-65　解压笔记本（第二个月第三周星期三）

		星期四
月	日	

早上 ● 运动

白天 ● 亲密接触

晚上 ● 运动

● 亲密接触

● 友善待人（物）

● 控制电脑、手机的使用时间

使用时间

小时

天气

气温 ℃

起床 ：

就寝 ：

日光浴时间 ：

【饮食】

● 香蕉 ✓

● 豆制品

● 乳制品

● 鸡蛋

● 坚果、芝麻

压力对策

什么压力 ▶

感受如何 ▶

如何处理的 ▶

图 3-66 解压笔记本（第二个月第三周星期四）

解压笔记本

| 早上 ● 运动 | 白天 ● 亲密接触 | 星期五 |
| | | 月　日 |

天气

气温　　　　　　℃

起床	⋮
就寝	⋮
日光浴时间	⋮

晚上 ● 运动　　　　　　　● 亲密接触

【饮食】

● 香蕉　　✓

● 豆制品

● 友善待人（物）　　● 控制电脑、手机的使用时间

● 乳制品

使用时间

　　　　　　　　　　小时

● 鸡蛋

● 坚果、芝麻

压力对策

什么压力 ▶

感受如何 ▶

如何处理的 ▶

图 3-67　解压笔记本（第二个月第三周星期五）

早上 ● 运动	白天 ● 亲密接触	星期六

月　　日

天气

气温　　　　℃

起床　　　：

就寝　　　：

日光浴
时间　　　：

【饮食】
● 香蕉　　　　✓

● 豆制品　　　□

● 乳制品　　　□

● 鸡蛋　　　　□

● 坚果、芝麻　□

晚上 ● 运动	● 哭泣

● 友善待人（物）　　　　● 控制电脑、手机的使用时间

使用时间
　　　　　　　　　小时

压力对策

什么压力　▶

感受如何　▶

如何处理的　▶

图 3-68　解压笔记本（第二个月第三周星期六）

早上 ● 运动	白天 ● 亲密接触	星期日

月 ___ 日 ___

天气

气温 ___ ℃

起床 ___ :

就寝 ___ :

日光浴
时间 ___ :

【饮食】

● 香蕉 ✓

● 豆制品 ☐

● 乳制品 ☐

● 鸡蛋 ☐

● 坚果、芝麻 ☐

晚上 ● 运动	● 哭泣

● 友善待人（物）

● 控制电脑、手机的使用时间

使用时间 ___ 小时

压力对策

什么压力 ▶

感受如何 ▶

如何处理的 ▶

图 3-69 解压笔记本（第二个月第三周星期日）

一周回顾 | 记录下一周之内，各项任务完成了多少。

【友善待人(物)】
记录天数
包含 1 天
▼ ▼ ▼

7 日中

日

【亲密接触】
记录天数
包含 1 天
▼ ▼ ▼

7 日中

日

【运动】
记录天数
包含 1 天
▼ ▼ ▼

7 日中

日

【饮食】
记录 5 种食品中
吃了哪几种，包含 1 种
▼ ▼ ▼

7 日中

日

备忘录

心灵箴言　欺负别的孩子，因而无法控制自己的情绪，走上欺凌的道路。
如果加强对脑前额叶的锻炼，可以杜绝欺凌行为。

图 3-70　解压笔记本（第二个月第三周一周回顾）

解压笔记本

星期一

月　　日

早上 ● 运动

白天 ● 亲密接触

晚上 ● 运动　　　　　　　● 亲密接触

● 友善待人（物）　　　　　● 控制电脑、手机的使用时间

使用时间

小时

天气

气温　　　　　℃

起床　　：

就寝　　：

日光浴
时间　　：

【饮食】

● 香蕉　────　✓

● 豆制品

● 乳制品

● 鸡蛋

● 坚果、芝麻

压力对策

什么压力　▶

感受如何　▶

如何处理的　▶

图 3-71　解压笔记本（第二个月第四周星期一）

		星期二
	月	日

早上 ● 运动

白天 ● 亲密接触

晚上 ● 运动

● 亲密接触

● 友善待人（物）

● 控制电脑、手机的使用时间

使用时间

小时

天气

气温　　　　　℃

起床　　　：

就寝　　　：

日光浴
时间　　　：

【饮食】
● 香蕉　　　　☑

● 豆制品

● 乳制品

● 鸡蛋

● 坚果、芝麻

压力对策

什么压力　　▶

感受如何　　▶

如何处理的　▶

图 3-72　解压笔记本（第二个月第四周星期二）

解压笔记本

早上 ● 运动	白天 ● 亲密接触	

星期三

月　　日

天气

气温　　　　℃

起床	：
就寝	：
日光浴时间	：

【饮食】
● 香蕉 ✓
● 豆制品 ☐
● 乳制品 ☐
● 鸡蛋 ☐
● 坚果、芝麻 ☐

晚上 ● 运动	● 亲密接触

● 友善待人（物）

● 控制电脑、手机的使用时间

使用时间　　　　　　小时

压力对策

什么压力 ▶

感受如何 ▶

如何处理的 ▶

图 3-73　解压笔记本（第二个月第四周星期三）

		星期四
月	日	

早上 ● 运动

白天 ● 亲密接触

晚上 ● 运动

● 亲密接触

● 友善待人（物）

● 控制电脑、手机的使用时间

使用时间

小时

天气

气温　　　　　℃

起床　　　　：

就寝　　　　：

日光浴
时间　　　　：

【饮食】

● 香蕉　　　✓

● 豆制品

● 乳制品

● 鸡蛋

● 坚果、芝麻

压力对策

什么压力　▶

感受如何　▶

如何处理的　▶

图 3-74　解压笔记本（第二个月第四周星期四）

早上 ● 运动	**白天** ● 亲密接触

星期五

月　　日

天气

气温　　　　　℃

起床　　　：

就寝　　　：

日光浴
时间　　　：

【饮食】
● 香蕉　　　✓
● 豆制品
● 乳制品
● 鸡蛋
● 坚果、芝麻

晚上 ● 运动　　　　　● 亲密接触

● 友善待人（物）　　　● 控制电脑、手机的使用时间

使用时间

　　　　　　　　　　小时

压力对策

什么压力　▶

感受如何　▶

如何处理的　▶

图 3-75　解压笔记本（第二个月第四周星期五）

			星期六
	月	日	

早上 ● 运动

白天 ● 亲密接触

晚上 ● 运动

● 哭泣

● 友善待人（物）

● 控制电脑、手机的使用时间

使用时间

小时

天气

气温　　　　　℃

起床　　　:

就寝　　　:

日光浴
时间　　　:

【饮食】
● 香蕉　　　　✓

● 豆制品

● 乳制品

● 鸡蛋

● 坚果、芝麻

压力对策

什么压力　▶

感受如何　▶

如何处理的　▶

图 3-76　解压笔记本（第二个月第四周星期六）

| 早上 | ● 运动 | | 白天 | ● 亲密接触 |

星期日

月　日

天气

气温　　　　℃

起床　　：

就寝　　：

日光浴
时间　　：

【饮食】
● 香蕉 ✓
● 豆制品
● 乳制品
● 鸡蛋
● 坚果、芝麻

| 晚上 | ● 运动 | ● 哭泣 |

● 友善待人（物）

● 控制电脑、手机的使用时间

使用时间　　　　　　小时

压力对策

什么压力 ▶

感受如何 ▶

如何处理的 ▶

图 3-77　解压笔记本（第二个月第四周星期日）

一周回顾 | 记录下一周之内，各项任务完成了多少。

【友善待人（物）】

记录天数
包含 1 天
▼ ▼ ▼

7 日中

日

【亲密接触】

记录天数
包含 1 天
▼ ▼ ▼

7 日中

日

【运动】

记录天数
包含 1 天
▼ ▼ ▼

7 日中

日

【饮食】

记录 5 种食品中
吃了哪几种，包含 1 种
▼ ▼ ▼

7 日中

日

备忘录

心灵箴言 不仅感动的泪水能够让人增加血清素的分泌，
大笑也可以。偶尔大声笑一笑吧。

图 3-78 解压笔记本（第二个月第四周一周回顾）

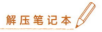解压笔记本

	星期一
月	日

天气

气温　　　　　℃

起床　　　：

就寝　　　：

日光浴
时间　　　：

【饮食】
● 香蕉　　　　✓

● 豆制品

● 乳制品

● 鸡蛋

● 坚果、芝麻

早上　● 运动

白天　● 亲密接触

晚上　● 运动

● 亲密接触

● 友善待人（物）

● 控制电脑、手机的使用时间

使用时间
　　　　　　　　　　小时

压力对策

什么压力　▶

感受如何　▶

如何处理的　▶

图 3-79　解压笔记本（第二个月第五周星期一）

| 早上 ● 运动 | 白天 ● 亲密接触 | 月　　日 | 星期二 |

早上 ● 运动

白天 ● 亲密接触

晚上 ● 运动

● 亲密接触

● 友善待人（物）

● 控制电脑、手机的使用时间

使用时间　　　　　　　　　　小时

| | 月　　日 | 星期二 |

天气

气温　　　　℃

起床　　：

就寝　　：

日光浴
时间　　：

【饮食】

● 香蕉　　✓

● 豆制品　☐

● 乳制品　☐

● 鸡蛋　　☐

● 坚果、芝麻 ☐

压力对策

什么压力　▶

感受如何　▶

如何处理的　▶

图 3-80　解压笔记本（第二个月第五周星期二）

解压笔记本

早上 ● 运动	白天 ● 亲密接触	星期三

月　　日

天气

气温　　　　　　℃

起床　:

就寝　:

日光浴
时间　:

【饮食】
● 香蕉　　✓

● 豆制品

● 乳制品

● 鸡蛋

● 坚果、芝麻

晚上 ● 运动　　　　　● 亲密接触

● 友善待人（物）　　● 控制电脑、手机的使用时间

使用时间
　　　　　　　　　　小时

压力对策

什么压力　▶

感受如何　▶

如何处理的　▶

图 3-81　解压笔记本（第二个月第五周星期三）

			星期四
	月	日	

早上 ● 运动

白天 ● 亲密接触

晚上 ● 运动

● 亲密接触

● 友善待人（物）

● 控制电脑、手机的使用时间

使用时间

小时

天气

气温　　　　　℃

起床　　　　：

就寝　　　　：

日光浴
时间　　　　：

【饮食】

● 香蕉　　　　✓

● 豆制品

● 乳制品

● 鸡蛋

● 坚果、芝麻

压力对策

什么压力　▶

感受如何　▶

如何处理的　▶

图 3-82　解压笔记本（第二个月第五周星期四）

早上	● 运动		白天	● 亲密接触			星期五

月 日

天气

气温 ℃

起床 ：

就寝 ：

日光浴 ：
时间

【饮食】

● 香蕉 ✓

● 豆制品

● 乳制品

● 鸡蛋

● 坚果、芝麻

晚上 ● 运动 ● 亲密接触

● 友善待人（物） ● 控制电脑、手机的使用时间

使用时间

小时

压力对策

什么压力 ▶

感受如何 ▶

如何处理的 ▶

图 3-83　解压笔记本（第二个月第五周星期五）

		星期六
	月　日	

早上 ● 运动

白天 ● 亲密接触

天气

气温　　　　℃

起床　　　:

就寝　　　:

日光浴时间　　　:

晚上 ● 运动

● 哭泣

【饮食】

● 香蕉 ✓

● 友善待人（物）

● 控制电脑、手机的使用时间

使用时间

　　　　小时

● 豆制品

● 乳制品

● 鸡蛋

● 坚果、芝麻

压力对策

什么压力　▶

感受如何　▶

如何处理的　▶

图 3-84　解压笔记本（第二个月第五周星期六）

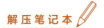

早上	● 运动

白天	● 亲密接触

星期日

月　　日

天气

气温　　　　℃

起床

就寝

日光浴
时间

【饮食】
● 香蕉　　✓
● 豆制品
● 乳制品
● 鸡蛋
● 坚果、芝麻

晚上	● 运动

● 哭泣

● 友善待人（物）

● 控制电脑、手机的使用时间

使用时间
　　　　　　　　　小时

压力对策

什么压力　▶

感受如何　▶

如何处理的　▶

图 3-85　解压笔记本（第二个月第五周星期日）

一周回顾 ｜ 记录下一周之内，各项任务完成了多少。

【友善待人(物)】	【亲密接触】	【运动】	【饮食】
记录天数 包含 1 天	记录天数 包含 1 天	记录天数 包含 1 天	记录 5 种食品中 吃了哪几种，包含 1 种
▼ ▼ ▼	▼ ▼ ▼	▼ ▼ ▼	▼ ▼ ▼
7 日中 日	7 日中 日	7 日中 日	7 日中 日

备忘录

心灵箴言　次日远足的孩子，由于前一天的疲劳没有完全消除，所以即便做了血清素训练，他们的血清素数值依然是下降的。因此，不可为激活 5-羟色胺能神经元而过度训练。

图 3-86　解压笔记本（第二个月第五周一周回顾）

血清素缺乏症对照清单

与第一个月结束时的分数做个比较。
如果没有太大变化，就再稍微加强一
下激活血清素的意识，开始第三个月
的记录。

		很强	中等	较弱	完全不
1.	早上头脑不清醒	3	2	1	0
2.	从早上开始感到疲劳	3	2	1	0
3.	早上身体的某个部位有痛感	3	2	1	0
4.	入睡困难	3	2	1	0
5.	入睡后中途醒来	3	2	1	0
6.	做梦	3	2	1	0
7.	体温低	3	2	1	0
8.	低血压	3	2	1	0
9.	便秘	3	2	1	0
10.	无精打采	3	2	1	0
11.	不由自主地蹲下	3	2	1	0
12.	觉得自己咀嚼能力弱	3	2	1	0
13.	关节和肌肉有慢性疼痛	3	2	1	0
14.	慢性头昏	3	2	1	0
15.	易怒	3	2	1	0
16.	容易沮丧	3	2	1	0
17.	精力不集中	3	2	1	0
18.	长时间使用电脑	3	2	1	0
19.	昼夜颠倒的生活	3	2	1	0
20.	晒太阳的频率少	3	2	1	0

共计 分

使用解压笔记本2个月后，记录下目前的压力状况吧！如图3-87所示。

图 3-87 解压笔记本使用 2 个月后的压力记录

亲密接触挽救
濒死婴儿

　　人与人之间的亲密接触能够促进血清素和催产素的分泌。前面我们讲过这些都有减轻压力的作用，而且不仅能减轻压力，甚至还能救人一命。

　　事情发生在美国马萨诸塞州，一名快要死去的婴儿因亲密接触竟奇迹般地生还。1995年，一对双胞胎婴儿比预产期早12周出生了，体重只有900克。他们被分别放到了不同的育婴器。一天，其中一名婴儿状况恶化，医生和护士用尽了各种办法仍未奏效，情况十分危急。这时，一位护士把这个婴儿转移到健康状况良好的另一名双胞胎婴儿的育婴器里。她让健康的婴儿环抱着病重的婴儿入睡。病重的婴儿竟然因此一天天好转起来，心率稳定了，呼吸平稳了，体温也正常了。几天之后，病重的婴儿就恢复健康了，就连原本健康的婴儿也更强健了。这就是亲密接触带来的奇迹。

　　碰碰肩、握握手都算亲密接触。如果大家也从今天开始记录下自己主动做过什么样的亲密接触，或接受过什么样的亲密接触，它们带给内心和身体什么样的变化、有什么发现等，效果会加倍提高。

心态和压力的关系

生别人的气，苦的是自己

心怀感恩，亲切待人。秉持这样的生存之道，压力就与你无缘。然而，世上却有很多陷阱，让我们无法做到这一点。

笑脸相迎却遭到了对方的冷漠无视，被超车差点造成交通事故，事出无因却被上司大骂。如果是你，会怎样呢？我们身边有太多让人烦躁不安的例子了。烦躁发展成愤怒、怨恨，事情就难办了。如果放任不管，就会越来越严重，甚至搞垮身体、造成心病。我们必须在事态恶化前做些什么。

做什么好呢？先说结论的话，最有效的方法是"原谅"。被人恶语相向，就会想起来气得晚上睡不着觉吧？但如果你这样想：对方根本不在乎你的感受正呼呼大睡呢，是不是就会明白自己"无法原谅"的想法是多

轻松度过每天的诀窍

么愚蠢？当然，很多人还是会认为：无法原谅的事就是无法原谅！那么这里，我就为这些人讲一讲"原谅"有多重要、如何才能做到"原谅"。

有研究表明，如果我们不能原谅别人，就会对我们的心脏造成不好的影响。心怀怒火、怨气，会增加血压升高、引发心脏病的危险。反之，原谅别人，血压就会降低，对心脏产生有利的影响。

此外，有人曾做过这样的实验。实验挑选了一些罹患心脏冠状动脉疾病同时内心对某人愤愤不平的患者，让他们接受一项被称为"原谅酿成压力之事"的心理咨询。结果显示，放下那些造成压力的事情，人们的心脏血流顺畅了，心脏功能也恢复了。也就是说，愤怒虽然是对他人释放情绪，但受损的却是我们自己。

"原谅"，不是解放对方，而是解放自己

下面给大家讲一名远足时儿子被杀害的父亲的故事。人生没有比这更加不幸的事情了。他一定对凶手痛恨不已，甚至想过如果可能的话亲手……但事情发生16年后，出现了意想不到的结果。这名父亲在法庭上说要宽恕凶手，凶手得以从死刑减为无期徒刑。那时，这名父亲读了一封信。

"几乎所有人都认为宽恕加害者等于解放他们，然而恰恰相反，宽恕他们是为了解放我们自己。"

这是他在历经16年痛苦不堪、百般纠结后得出的结论。或许就算宽恕了对方，也不一定能内心平静地生活。但我想，对父亲而言，

他终于卸下了长年背负的沉重的负担。这就是他所说的"解放自己"吧。很多人觉得自己做不到这一点，如果身在同样的处境，我对自己能否做到宽恕凶手也没有信心。但如果是比这更小的事情，也许就能够选择原谅。我决定，以后不管发生多么令人气愤的事情，都记得还有"原谅"这个选项。因为这样我能直面压力，痛苦也就减少了。

有机化学博士——专门研究人体与内心关系的大卫·汉密尔顿曾说过，难以做到原谅的人可以先试着"放下过去"。下面介绍了具体的5种方法（选自《善良对身体惊人得好！》，大卫·汉密尔顿著，有田秀穗监译，飞鸟新社出版）。

①想一想无法忘记过去是否有什么好处。

②相信并说出："比起逝去的过往，未来才是对自己更重要的。"

③意识到自己正在回想过去发生的不开心的事情时，深呼吸并调整心情。

④不愉快的事情发生时，把它写进日记里，真实记录自己的愤怒和消极情绪。这样可以客观观察"愤怒的自己"，调整心情。

⑤试着写下你从这件事里学到的东西、它的积极的一面。

这本书里讲到⑤的相关效果是经美国迈阿密大学的研究验证过的。

比如，很多人遭遇朋友的背叛时，会感到愤怒、怨恨，甚至破口大骂。但是这个时候，我们要这样想并且记到笔记里：

· 太好了，终于知道了他的真面目。

· 这是结交新朋友的好机会。

·这让我不再容易依赖别人。

这就是所谓的正向思考。最初的一段时间可能悔恨不已，但写着写着心情就平静下来，慢慢觉得朋友的背叛对自己来说不重要了，不久就会感谢这段遭遇背叛的经历。不要因为别人的背叛而满腔怒火、沮丧怨恨，要把它当作自己成长的契机。这样就不会放任事情消极下去，而是向积极的方向转变。"笔记"帮助我们使这些成为可能。

对方开心，我们自己也会感到幸福

再介绍一种减轻压力的方法。那就是"互相帮助、互相谦让、共同分享"的生活方式。

只要自己过得好就行，如果持这种想法生活的话，也许会暂时性地自我感觉良好，但从长远来看，人际关系会变得冷漠，因而会积攒起很多压力。而且，结果往往向着公司破产、妻离子散、晚年孤独度日、疾病缠身、自取灭亡的方向发展。

看看癌细胞就知道了，正常细胞和癌细胞的区别只有一个。正常细胞分裂一定次数后会停下来，而癌细胞却一直不停地分裂。正常细胞停止分裂后，会结束生命，接力给下一个细胞。为了整个人体的生存，细胞自己退出了舞台。而且，正常细胞在发挥各自功能的同时，也会帮助周围的细胞，为了保持人体内的正常秩序而相互帮助。然而，癌细胞却只顾自己壮大，压制相邻细胞，独占营养，造成各种脏器受损，最终置人体于死地，结果自己也因此死去。癌细胞在给人体造成巨大压力的同时，自身也承受着相同的压力。

假设有正常的细胞对癌细胞说烦恼的时候好想聊聊，那么它会说这事我管不着、跟我没关系，这就是癌细胞的生存方式。正常的细胞则会在别的细胞求助时帮助它们。去倾听别人的烦恼时，会发现自己的压力也不可思议地减轻了。相信很多人有过因为对方开心，自己的烦恼也随之消失的经历吧。人是一种愿意取悦别人的生物。如果自己做的事情让对方高兴，自己也会变得开心。这是正常细胞的生存方式，是生命之基本。

因别人而高兴的事情，也请一定记下来。每读一遍，就会再次重温自己当时的喜悦。

"原谅"与"互助"。只要将它们长记于心，我保证你就能轻松度过每一天。

第三个月的笔记

第三个月终于要开始了。

如果坚持做笔记和血清素训练的话，应该正朝着向好

的方向发展。不要松懈，坚持记录到最后，收获无惧

压力的自己（图3-88~图3-127）！

| 早上 | ● 运动 | | 白天 | ● 亲密接触 |

| 晚上 | ● 运动 | | ● 亲密接触 |

● 友善待人（物）

● 控制电脑、手机的使用时间

使用时间

小时

| | 月 | 日 | 星期一 |

天气

气温　　　　　　℃

起床

就寝

日光浴
时间

【饮食】
● 香蕉　　　　　✓
● 豆制品
● 乳制品
● 鸡蛋
● 坚果、芝麻

压力对策

什么压力　▶

感受如何　▶

如何处理的　▶

图 3-88　解压笔记本（第三个月第一周星期一）

早上	● 运动	白天	● 亲密接触		星期二

月　　日

天气

气温　　　　℃

起床　　　·

就寝　　　·

日光浴
时间　　·

【饮食】

● 香蕉　　　✓

● 豆制品

● 乳制品

● 鸡蛋

● 坚果、芝麻

晚上	● 运动		● 亲密接触

● 友善待人（物）　　　● 控制电脑、手机的使用时间

使用时间

小时

压力对策

什么压力　▶

感受如何　▶

如何处理的　▶

图 3-89　解压笔记本（第三个月第一周星期二）

早上 ● 运动	**白天** ● 亲密接触	月 日 星期三

天气

气温　　　　℃

起床　　　:

就寝　　　:

日光浴
时间　　　:

晚上 ● 运动　　　　　　　● 亲密接触

【饮食】

● 香蕉　　✔

● 豆制品

● 友善待人（物）　　　● 控制电脑、手机的使用时间

● 乳制品

使用时间

小时　　● 鸡蛋

● 坚果、芝麻

压力对策

什么压力　　▶

感受如何　　▶

如何处理的　　▶

图 3-90　解压笔记本（第三个月第一周星期三）

早上	● 运动		白天	● 亲密接触

星期四

月　　日

天气

气温　　　　　℃

起床　　：

就寝　　：

日光浴
时间　　：

【饮食】

● 香蕉　　　✔

● 豆制品

● 乳制品

● 鸡蛋

● 坚果、芝麻

晚上	● 运动	● 亲密接触

● 友善待人（物）

● 控制电脑、手机的使用时间

使用时间
　　　　　　　　　　小时

压力对策

什么压力　▶

感受如何　▶

如何处理的　▶

图 3-91　解压笔记本（第三个月第一周星期四）

| 早上 | ● 运动 | 白天 | ● 亲密接触 | | 月　　　日 | 星期五 |

早上　● 运动

白天　● 亲密接触

晚上　● 运动　　　　　　　● 亲密接触

● 友善待人（物）　　　　● 控制电脑、手机的使用时间

使用时间

小时

天气

气温　　　　　℃

起床　　　　：

就寝　　　　：

日光浴
时间　　　：

【饮食】
● 香蕉　　　✓
● 豆制品
● 乳制品
● 鸡蛋
● 坚果、芝麻

压力对策

什么压力　▶

感受如何　▶

如何处理的　▶

图 3-92　解压笔记本（第三个月第一周星期五）

解压笔记本

早上	● 运动		白天	● 亲密接触

			星期六
	月	日	

天气

气温　　　　　℃

起床　　　:

就寝　　　:

日光浴
时间　　　:

【饮食】
● 香蕉　—　✓

● 豆制品　—

● 乳制品　—

● 鸡蛋　—

● 坚果、芝麻　—

晚上	● 运动	● 哭泣

● 友善待人（物）　　　　● 控制电脑、手机的使用时间

使用时间
　　　　　　　　　　小时

压力对策

什么压力　▶

感受如何　▶

如何处理的　▶

图 3-93　解压笔记本（第三个月第一周星期六）

| 早上 | ● 运动 | | 白天 | ● 亲密接触 | | | 月　　日 | 星期日 |

早上　● 运动

晚上　● 运动　　　　● 哭泣

● 友善待人（物）

● 控制电脑、手机的使用时间

使用时间

小时

白天　● 亲密接触

天气

气温　　　　℃

起床　　　：

就寝　　　：

日光浴时间　：

【饮食】
● 香蕉　　✓
● 豆制品　□
● 乳制品　□
● 鸡蛋　　□
● 坚果、芝麻　□

压力对策

什么压力　▶

感受如何　▶

如何处理的　▶

图 3-94　解压笔记本（第三个月第一周星期日）

一 周 回 顾 | 记录下一周之内，各项任务完成了多少。

【友善待人（物）】	【亲密接触】	【运动】	【饮食】
记录天数 包含 1 天 ▼ ▼ ▼	记录天数 包含 1 天 ▼ ▼ ▼	记录天数 包含 1 天 ▼ ▼ ▼	记录 5 种食品中 吃了哪几种，包含 1 种 ▼ ▼ ▼
7 日中　　　日	7 日中　　　日	7 日中　　　日	7 日中　　　日

备忘录

心灵箴言　去除活性氧的褪黑激素还具有抗衰老的作用。
为了保持年轻，好好睡觉吧。

图 3-95　解压笔记本（第三个月第一周一周回顾）

解 压 笔 记 本

		星期一
	月	日

早上 ● 运动

白天 ● 亲密接触

晚上 ● 运动

● 亲密接触

● 友善待人（物）

● 控制电脑、手机的使用时间

使用时间

　　　　　　　　　　　　小时

天气

气温　　　　　℃

起床　　　　：

就寝　　　　：

日光浴
时间　　　　：

【饮食】

● 香蕉 ──── ✓

● 豆制品 ────

● 乳制品 ────

● 鸡蛋 ────

● 坚果、芝麻 ─

压力对策

什么压力　▶

感受如何　▶

如何处理的　▶

图 3-96　解压笔记本（第三个月第二周星期一）

		星期二
	月　日	

早上 ● 运动

白天 ● 亲密接触

晚上 ● 运动　　　● 亲密接触

● 友善待人（物）　　　● 控制电脑、手机的使用时间

使用时间　　　　　小时

天气

气温　　℃

起床　：

就寝　：

日光浴时间　：

【饮食】
● 香蕉 ✓
● 豆制品 ☐
● 乳制品 ☐
● 鸡蛋 ☐
● 坚果、芝麻 ☐

压力对策

什么压力 ▶

感受如何 ▶

如何处理的 ▶

图 3-97　解压笔记本（第三个月第二周星期二）

| 早上 ● 运动 | 白天 ● 亲密接触 | 星期三 |
| | | 月　　日 |

早上 ● 运动

白天 ● 亲密接触

晚上 ● 运动　　　　　　　　● 亲密接触

● 友善待人（物）　　　　● 控制电脑、手机的使用时间

使用时间

小时

天气

气温　　　　　　℃

起床　　：

就寝　　：

日光浴时间　　：

【饮食】

● 香蕉　　　✓

● 豆制品

● 乳制品

● 鸡蛋

● 坚果、芝麻

压力对策

什么压力　　▶

感受如何　　▶

如何处理的　　▶

图 3-98　解压笔记本（第三个月第二周星期三）

早上	● 运动	白天	● 亲密接触			星期四

月　　　日

天气

气温　　　　　℃

起床　　　：

就寝　　　：

日光浴
时间　　　：

晚上 ● 运动　　　　　　　　● 亲密接触

● 友善待人（物）　　　　　● 控制电脑、手机的使用时间

使用时间
　　　　　　　　小时

【饮食】
● 香蕉　　　　✓
● 豆制品
● 乳制品
● 鸡蛋
● 坚果、芝麻

压力对策

什么压力　▶

感受如何　▶

如何处理的　▶

图 3-99　解压笔记本（第三个月第二周星期四）

早上	● 运动		白天	● 亲密接触

星期五

月　　日

天气

气温　　　　℃

起床

就寝

日光浴
时间

晚上	● 运动			● 亲密接触

● 友善待人（物）

● 控制电脑、手机的使用时间

使用时间

小时

【饮食】

● 香蕉　✓

● 豆制品

● 乳制品

● 鸡蛋

● 坚果、芝麻

压力对策	什么压力　▶
	感受如何　▶
	如何处理的　▶

图 3-100　解压笔记本（第三个月第二周星期五）

			星期六
	月	日	

早上 ● 运动

白天 ● 亲密接触

晚上 ● 运动

● 哭泣

● 友善待人（物）

● 控制电脑、手机的使用时间

使用时间

小时

天气

气温　　　　　℃

起床　　　：

就寝　　　：

日光浴
时间　　　：

【饮食】
● 香蕉　　　✓
● 豆制品
● 乳制品
● 鸡蛋
● 坚果、芝麻

压力对策

什么压力　▶

感受如何　▶

如何处理的　▶

图 3-101　解压笔记本（第三个月第二周星期六）

早上	● 运动	白天	● 亲密接触	星期日

月　　　日

天气

气温　　　　　℃

起床　　　：

就寝　　　：

日光浴
时间　　　：

【饮食】
● 香蕉　　　✓

● 豆制品

● 乳制品

● 鸡蛋

● 坚果、芝麻

| 晚上 | ● 运动 | | ● 哭泣 |

● 友善待人（物）　　　　● 控制电脑、手机的使用时间

使用时间

小时

压力对策

什么压力　▶

感受如何　▶

如何处理的　▶

图 3-102　解压笔记本（第三个月第二周星期日）

解压笔记本

| **一 周 回 顾** | 记录下一周之内，各项任务完成了多少。 |

【友善待人（物）】

记录天数
包含 1 天
▼　▼　▼

7 日中　　　　日

【亲密接触】

记录天数
包含 1 天
▼　▼　▼

7 日中　　　　日

【运动】

记录天数
包含 1 天
▼　▼　▼

7 日中　　　　日

【饮食】

记录 5 种食品中
吃了哪几种，包含 1 种
▼　▼　▼

7 日中　　　　日

备忘录

心灵箴言　能够"让人感到富足"的不是金钱，而是"人"。
只有在得到大家的认同、感到自己被需要时，人才得以满足。

图 3-103　解压笔记本（第三个月第二周一周回顾）

早上 ● 运动

白天 ● 亲密接触

晚上 ● 运动

● 亲密接触

● 友善待人（物）

● 控制电脑、手机的使用时间

使用时间
　　　　　　　　　　小时

星期一

　月　　日

天气

气温　　　　　　℃

起床　　　：

就寝　　　：

日光浴
时间　　　：

【饮食】
● 香蕉　　　✓
● 豆制品
● 乳制品
● 鸡蛋
● 坚果、芝麻

压力对策

什么压力　▶

感受如何　▶

如何处理的　▶

图 3-104　解压笔记本（第三个月第三周星期一）

早上 ● 运动		白天 ● 亲密接触	

星期二

月 日

天气

气温 ℃

起床 :

就寝 :

日光浴
时间 :

【饮食】

● 香蕉 ☑

● 豆制品 ☐

● 乳制品 ☐

● 鸡蛋 ☐

● 坚果、芝麻 ☐

晚上 ● 运动　　　　　● 亲密接触

● 友善待人（物）　　　● 控制电脑、手机的使用时间

使用时间

小时

压力对策

什么压力 ▶

感受如何 ▶

如何处理的 ▶

图 3-105　解压笔记本（第三个月第三周星期二）

早上 ● 运动	白天 ● 亲密接触	星期三

月　　　日

天气

气温　　　℃

起床　：

就寝　：

日光浴
时间　：

晚上 ● 运动	● 亲密接触

【饮食】

● 香蕉　　✓

● 豆制品　□

● 乳制品　□

● 鸡蛋　　□

● 坚果、芝麻　□

● 友善待人（物）　● 控制电脑、手机的使用时间

使用时间

小时

压力对策

什么压力　▶

感受如何　▶

如何处理的　▶

图 3-106　解压笔记本（第三个月第三周星期三）

早上	● 运动	白天	● 亲密接触			星期四
				月	日	

天气

气温 　　　　　　℃

起床　　　:

就寝　　　:

日光浴
时间　　　:

【饮食】

● 香蕉　　　　✓

● 豆制品

● 乳制品

● 鸡蛋

● 坚果、芝麻

晚上	● 运动		● 亲密接触

● 友善待人（物）　　　　● 控制电脑、手机的使用时间

使用时间

　　　　　　　小时

压力对策

什么压力　　▶

感受如何　　▶

如何处理的　▶

图 3-107　解压笔记本（第三个月第三周星期四）

| 早上 | ● 运动 | 白天 | ● 亲密接触 |

| | | 星期五 |
| 月 | 日 | |

天气

气温 ℃

起床 ：

就寝 ：

日光浴 时间 ：

| 晚上 | ● 运动 | | ● 亲密接触 |

【饮食】
● 香蕉 ✓
● 豆制品
● 乳制品
● 鸡蛋
● 坚果、芝麻

| ● 友善待人（物） | | ● 控制电脑、手机的使用时间 |

使用时间

小时

压力对策

什么压力 ▶

感受如何 ▶

如何处理的 ▶

图 3-108　解压笔记本（第三个月第三周星期五）

早上 ● 运动	白天 ● 亲密接触	

星期六

月　　日

天气

气温　　　　　℃

起床　　：

就寝　　：

日光浴时间　　：

【饮食】
● 香蕉　　✓

● 豆制品　□

● 乳制品　□

● 鸡蛋　　□

● 坚果、芝麻 □

晚上 ● 运动	● 哭泣

● 友善待人（物）

● 控制电脑、手机的使用时间

使用时间
　　　　　　　　小时

压力对策

什么压力 ▶

感受如何 ▶

如何处理的 ▶

图 3-109　解压笔记本（第三个月第三周星期六）

| 早上 | ● 运动 | 白天 | ● 亲密接触 |

| 晚上 | ● 运动 | | ● 哭泣 |

● 友善待人（物）

● 控制电脑、手机的使用时间

使用时间

小时

| | | 月 | 日 | 星期日 |

天气

气温 ℃

起床 ：

就寝 ：

日光浴
时间 ：

【饮食】

● 香蕉 ✓

● 豆制品

● 乳制品

● 鸡蛋

● 坚果、芝麻

压力对策

什么压力　▶

感受如何　▶

如何处理的　▶

图 3-110　解压笔记本（第三个月第三周星期日）

（图片右上角）解压笔记本

一周回顾 | 记录下一周之内，各项任务完成了多少。

【友善待人(物)】
记录天数
包含1天
▼ ▼ ▼
7日中 ___ 日

【亲密接触】
记录天数
包含1天
▼ ▼ ▼
7日中 ___ 日

【运动】
记录天数
包含1天
▼ ▼ ▼
7日中 ___ 日

【饮食】
记录5种食品中
吃了哪几种，包含1种
▼ ▼ ▼
7日中 ___ 日

备忘录

心灵箴言 IT界抑郁症患者很多，因为他们一整天都要面对电脑显示器。
不与人接触，导致了5-羟色胺能神经元功能的减弱。

图 3-111　解压笔记本（第三个月第三周一周回顾）

图 3-112　解压笔记本（第三个月第四周星期一）

早上 ● 运动	白天 ● 亲密接触

	星期二
月 日	

天气

气温　　　　　　　℃

起床　　　　：

就寝　　　　：

日光浴
时间　　　　：

【饮食】

● 香蕉 ──── ✓

● 豆制品 ────

● 乳制品 ────

● 鸡蛋 ────

● 坚果、芝麻 ──

晚上 ● 运动	● 亲密接触

● 友善待人（物）

● 控制电脑、手机的使用时间

使用时间　　　　　　　小时

压力对策

什么压力 ▶

感受如何 ▶

如何处理的 ▶

图 3-113　解压笔记本（第三个月第四周星期二）

| 早上 ● 运动 | 白天 ● 亲密接触 | | 月 | 日 | 星期三 |

早上 ● 运动

白天 ● 亲密接触

晚上 ● 运动　　　　　　● 亲密接触

● 友善待人（物）　　　● 控制电脑、手机的使用时间

使用时间

小时

| | 月　　日 | 星期三 |

天气

气温　　　　　℃

起床　　　　：

就寝　　　　：

日光浴
时间　　　　：

【饮食】
● 香蕉　　　✓
● 豆制品
● 乳制品
● 鸡蛋
● 坚果、芝麻

压力对策

什么压力　▶

感受如何　▶

如何处理的　▶

图 3-114　解压笔记本（第三个月第四周星期三）

 解压笔记本

早上 ● 运动	白天 ● 亲密接触	星期四

<table>
</table>

早上 ● 运动　　　　　　白天 ● 亲密接触

　　　　　　　　　　　　　　　　　　　　月　　日　星期四

　　　　　　　　　　　　　　　　　　　天气

　　　　　　　　　　　　　　　　　　　气温　　　　℃

晚上 ● 运动　　　　　　● 亲密接触

起床　　　:

就寝　　　:

日光浴
时间　　　:

【饮食】
● 香蕉　　　✓

● 友善待人（物）　　　● 控制电脑、手机的使用时间

● 豆制品

使用时间　　　　　　● 乳制品
　　　　　　　小时
● 鸡蛋

● 坚果、芝麻

压力对策

什么压力　▶

感受如何　▶

如何处理的　▶

图 3-115　解压笔记本（第三个月第四周星期四）

		星期五
	月　　日	

早上 ● 运动

白天 ● 亲密接触

晚上 ● 运动

● 亲密接触

● 友善待人（物）

● 控制电脑、手机的使用时间

使用时间
　　　　　　　　　　　小时

天气

气温　　　　　　℃

起床　　　：

就寝　　　：

日光浴
时间　　　：

【饮食】
● 香蕉　　　✓
● 豆制品
● 乳制品
● 鸡蛋
● 坚果、芝麻

压力对策

什么压力　▶

感受如何　▶

如何处理的　▶

图 3-116　解压笔记本（第三个月第四周星期五）

早上 ● 运动	白天 ● 亲密接触	星期六

月　　　日

天气

气温　　　℃

起床　　：

就寝　　：

日光浴
时间　　：

晚上 ● 运动	● 哭泣

【饮食】
● 香蕉　✓
● 豆制品　☐
● 乳制品　☐
● 鸡蛋　☐
● 坚果、芝麻　☐

● 友善待人（物）

● 控制电脑、手机的使用时间

使用时间
　　　　　小时

压力对策

什么压力　▶

感受如何　▶

如何处理的　▶

图 3-117　解压笔记本（第三个月第四周星期六）

| 早上 ● 运动 | 白天 ● 亲密接触 | 月 日 星期日 |

早上 ● 运动

白天 ● 亲密接触

晚上 ● 运动

● 哭泣

● 友善待人（物）

● 控制电脑、手机的使用时间

使用时间

小时

星期日

月　日

天气

气温　　　℃

起床　　　：

就寝　　　：

日光浴
时间　　：

【饮食】

● 香蕉　　　✓

● 豆制品

● 乳制品

● 鸡蛋

● 坚果、芝麻

压力对策

什么压力　▶

感受如何　▶

如何处理的　▶

图 3-118　解压笔记本（第三个月第四周星期日）

一 周 回 顾 ｜ 记录下一周之内，各项任务完成了多少。

【友善待人（物）】

记录天数
包含 1 天

▼　▼　▼

> 7 日中
>
> 　　　　　　日

【亲密接触】

记录天数
包含 1 天

▼　▼　▼

> 7 日中
>
> 　　　　　　日

【运 动】

记录天数
包含 1 天

▼　▼　▼

> 7 日中
>
> 　　　　　　日

【饮 食】

记录 5 种食品中
吃了哪几种，包含 1 种

▼　▼　▼

> 7 日中
>
> 　　　　　　日

备忘录

心灵箴言　"为别人做些什么"是"最能让自己感到幸福"的事。
只有相互理解，大脑才会联结起自己和他人的幸福。

图 3-119　解压笔记本（第三个月第四周一周回顾）

		星期一
	月	日

早上 ● 运动

白天 ● 亲密接触

晚上 ● 运动　　　　　● 亲密接触

● 友善待人（物）

● 控制电脑、手机的使用时间

使用时间

小时

天气

气温　　　　℃

起床　　：

就寝　　：

日光浴
时间　　：

【饮食】
● 香蕉　　☑
● 豆制品
● 乳制品
● 鸡蛋
● 坚果、芝麻

压力对策

什么压力　▶

感受如何　▶

如何处理的　▶

图 3-120　解压笔记本（第三个月第五周星期一）

197

早上 ● 运动	白天 ● 亲密接触	星期二

月　　日

天气

气温　　　℃

起床　：

就寝　：

日光浴
时间　：

【饮食】
● 香蕉 —— ✓

● 豆制品 —— ☐

● 乳制品 —— ☐

● 鸡蛋 —— ☐

● 坚果、芝麻 — ☐

晚上 ● 运动

● 亲密接触

● 友善待人（物）

● 控制电脑、手机的使用时间

使用时间

　　　　　　　　小时

压力对策

什么压力　▶

感受如何　▶

如何处理的　▶

图 3-121　解压笔记本（第三个月第五周星期二）

早上 ● 运动	白天 ● 亲密接触

星期三

月　　　日

天气

气温　　　℃

起床　　：

就寝　　：

日光浴
时间　　：

晚上 ● 运动	● 亲密接触

【饮食】

● 香蕉　✓

● 豆制品

● 乳制品

● 鸡蛋

● 坚果、芝麻

● 友善待人（物）　● 控制电脑、手机的使用时间

使用时间

　　　　　　　　小时

压力对策

什么压力　▶

感受如何　▶

如何处理的　▶

图 3-122　解压笔记本（第三个月第五周星期三）

早上 ● 运动

白天 ● 亲密接触

晚上 ● 运动

● 亲密接触

● 友善待人（物）

● 控制电脑、手机的使用时间

使用时间

小时

星期四

___ 月 ___ 日

天气

气温 ℃

起床 ：

就寝 ：

日光浴
时间 ：

【饮食】

● 香蕉 ✓

● 豆制品

● 乳制品

● 鸡蛋

● 坚果、芝麻

压力对策

什么压力 ▶

感受如何 ▶

如何处理的 ▶

图 3-123　解压笔记本（第三个月第五周星期四）

			星期五
	月	日	

早上 ● 运动

白天 ● 亲密接触

晚上 ● 运动

● 亲密接触

● 友善待人（物）

● 控制电脑、手机的使用时间

使用时间

小时

天气

气温 ℃

起床 ：

就寝 ：

日光浴 时间 ：

【饮食】

● 香蕉 ☑

● 豆制品 ▢

● 乳制品 ▢

● 鸡蛋 ▢

● 坚果、芝麻 ▢

压力对策

什么压力 ▶

感受如何 ▶

如何处理的 ▶

图 3-124 解压笔记本（第三个月第五周星期五）

解压笔记本

| 早上 ● 运动 | 白天 ● 亲密接触 | | 月　　日 | 星期六 |

早上 ● 运动

白天 ● 亲密接触

晚上 ● 运动

● 哭泣

● 友善待人（物）

● 控制电脑、手机的使用时间

使用时间

　　　　　　　　　　　小时

月　　　日　　星期六

天气

气温　　　　℃

起床　　：

就寝　　：

日光浴
时间　　：

【饮食】

● 香蕉　　　✓

● 豆制品

● 乳制品

● 鸡蛋

● 坚果、芝麻

压力
对策

什么压力　▶

感受如何　▶

如何处理的　▶

图 3-125　解压笔记本（第三个月第五周星期六）

| 早上 | ● 运动 | | 白天 | ● 亲密接触 | |

			星期日
	月	日	

天气

气温 　　　　℃

起床 　　：

就寝 　　：

日光浴
时间 　　：

| 晚上 | ● 运动 | | ● 哭泣 | |

【饮食】

● 香蕉　　✓

● 豆制品

● 乳制品

● 鸡蛋

● 坚果、芝麻

● 友善待人（物）　　　　● 控制电脑、手机的使用时间

使用时间

小时

压力对策	什么压力　　▶
	感受如何　　▶
	如何处理的　　▶

图 3-126　解压笔记本（第三个月第五周星期日）

解压笔记本

一 周 回 顾 | 记录下一周之内，各项任务完成了多少。

【友善待人(物)】

记录天数
包含1天
▼　▼　▼

┌─────────┐
│ 7日中　　　　　│
│　　　　　　　│
│　　　　　　日 │
└─────────┘

【亲密接触】

记录天数
包含1天
▼　▼　▼

┌─────────┐
│ 7日中　　　　　│
│　　　　　　　│
│　　　　　　日 │
└─────────┘

【运 动】

记录天数
包含1天
▼　▼　▼

┌─────────┐
│ 7日中　　　　　│
│　　　　　　　│
│　　　　　　日 │
└─────────┘

【饮 食】

记录5种食品中
吃了哪几种，包含1种
▼　▼　▼

┌─────────┐
│ 7日中　　　　　│
│　　　　　　　│
│　　　　　　日 │
└─────────┘

备忘录

_____

_____

_____

_____

_____

_____

_____

_____

_____

_____

_____

心灵箴言 脑科学也已经证明"心怀梦想和希望"会改变今后的人生，
不管年龄多大，都怀着梦想和希望生活下去吧。

图 3-127　解压笔记本（第三个月第五周一周回顾）

血清素缺乏症对照清单

结果怎么样？经过3个月的坚持，血清素被激活，你应该拥有了更佳的精神状态。今后也继续保持这种生活方式吧。

		很强	中等	较弱	完全不
1.	早上头脑不清醒	3	2	1	0
2.	从早上开始感到疲劳	3	2	1	0
3.	早上身体的某个部位有痛感	3	2	1	0
4.	入睡困难	3	2	1	0
5.	入睡后中途醒来	3	2	1	0
6.	做梦	3	2	1	0
7.	体温低	3	2	1	0
8.	低血压	3	2	1	0
9.	便秘	3	2	1	0
10.	无精打采	3	2	1	0
11.	不由自主地蹲下	3	2	1	0
12.	觉得自己咀嚼能力弱	3	2	1	0
13.	关节和肌肉有慢性疼痛	3	2	1	0
14.	慢性头昏	3	2	1	0
15.	易怒	3	2	1	0
16.	容易沮丧	3	2	1	0
17.	精力不集中	3	2	1	0
18.	长时间使用电脑	3	2	1	0
19.	昼夜颠倒的生活	3	2	1	0
20.	晒太阳的频率少	3	2	1	0

共计 　　 分

使用解压笔记本3个月后，记录下目前的压力状况吧！如图
3-128所示。

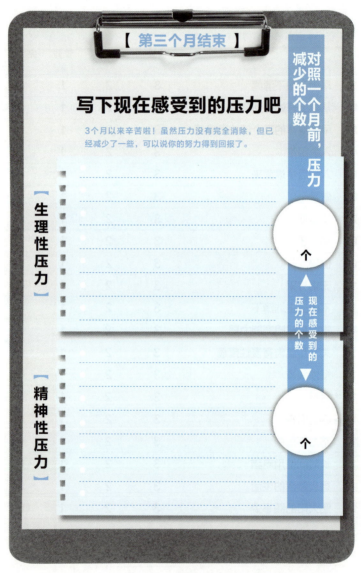

图 3-128　解压笔记本使用 3 个月后的压力记录

只要每天心怀"感恩"，幸福度就会提升

　　有个很有趣的实验。实验中，A组成员记录"应该感谢的事情"，B组成员记录"感到不满的事情"。每周的最后各自列出5个事例，持续10周。结果会是什么样呢？

　　实验首先考察各组成员的幸福度。结果，"感谢组"的幸福度提高了25%。平均来看的话，每一组都应该发生了好事和坏事，但是，幸福度却因为关注感恩还是关注不满而不同。而且从健康状况来看，"感谢组"的健康状态更好。此外，"感谢组"的成员还有额外的收获，那就是他们越来越愿意帮助别人，身边的人也说他们"变热情了"。也就是说，人际关系变好了，压力就会急剧减少。

　　参照这项研究，我们也写出应该感谢的事情吧。不仅要感谢别人帮助我们，也要感谢"有食欲"，感谢"早上正常醒来"，感谢"活着"，感谢"父母健在"。这样，压力会消失殆尽，幸福感会成倍上涨。

消除压力的行动目标

以下面介绍的行动目标为参照，
结合自己3个月来的生活，获取理想的生活节奏吧。

早上

多晒太阳，合成血清素吧！

香蕉
果汁

6:30

早饭喝点儿香蕉果汁。

摄入对血清素分泌非常重要的色
氨酸吧。

7:00

晒晒太阳，深呼吸。

早上的阳光最适宜血清素的
合成，所以尽情晒太阳吧。

8:00

通勤时间做一做节律运动。

在通勤路上，有意识地做节律运动，
激活血清素吧。

白天

多与别人建立联系，与大家亲密接触吧！

12:00
和同事边吃午饭边愉快地聊天。

午饭和同事边吃边聊，可以获得亲密接触的效果。

面包 蛋包饭 酸奶

12:30
吃一些增加血清素的菜品。

选择鸡蛋和碳水化合物、乳制品等能为血清素合成提供原料的食物。

牛油果沙拉

14:00
善待老人。

善待老人，促进催产素分泌。

晚上

适当活动，早点入睡，促进褪黑激素分泌吧。

19:00

健身房游泳。

通过游泳等有规律的节律运动，促进血清素分泌吧。

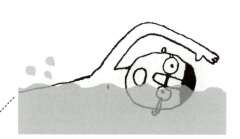

21:00

晚饭后少用电脑和手机。

少用电脑和手机，缓解大脑疲劳。

23:00

23:00之前就寝。

褪黑素的分泌高峰在凌晨2:00前后，在这个时间进入深度睡眠吧。

后 记

3个月的笔记生活，大家感觉怎么样？

刚开始可能不太习惯，有很多疑惑，但试着将自己平淡无奇的活动内容记录下来，会发现自己在生活方式和行为习惯上的各种优点和缺点。

"只做个笔记，真的有效果吗"，有些人是这样半信半疑地开始的吧。但是，通过实践以获得强健的身心，并将过程记录下来重新审视自己，渐渐就会知道自己哪里不足，哪些地方需要改进等，相信大家已经实际感受到这些变化了。

就像本书所说的，血清素训练至少需要坚持3个月。因为，只有坚持3个月的血清素训练，5-羟色胺能神经元的构造才开始发生变化。

然而效果因人而异，所以我们不能断言3个月后100%的人都能有效果。但是，只要认真坚持血清素训练，即便还没有感受到肉眼可见的效果，5-羟色胺能神经元的构造也在向好的方向发展。所以，如果你没有感受到效果，也请不要放弃，至少再坚持3个月的血清素训练。

也许你会想"又要从1开始吗"，其实不是这样的。因为之前坚持下来的3个月，绝不是白费工夫。前3个月的积累，为之后的3个月建立了重要的基础。

翻开笔记，上面深深地刻写下了3个月以来你所做的努力。如何迈入下一个阶段，相信答案就隐藏在笔记的某个角落。

这正是解压笔记本最大的好处。

我曾讲过，不管物质多么富足，你的生活多么幸福，压力不可能完全消除。正因为如此，我们人类才需要与压力和谐共处。

当然，整日忙于工作和家务而不小心忘记做血清素训练，或者心生厌烦故意偷懒不做的情况也会很多。但即便这样，也请一定做笔记。

每天，笔记会记录下我们真实的状态，告诉我们自身存在的问题，它是世界上唯一的一本"心灵账簿"。无论我们多么想要改变自己，如果不知道改变何处、如何去改，就不可能从黑暗中走出来。但翻看这本笔记，问题得到明确，改善的方法就会自然地摆在我们面前。因为以过去为鉴，改变未来，是人类具备的能力。

最后，让我们再次温习一遍血清素训练的技巧。

● 累了，就晒晒太阳

莫名的心情不好，打不起精神的时候，到外面晒晒太阳吧。早上就算不想起床，也要干脆地从床上起来，拉开窗帘，沐浴早上的阳光。阳光可以为你带来活力。

● 寂寞了，就跟人说说话，帮帮身边的人吧

感到寂寞时，就要有意识地接触别人，家人、朋友、公司同事、常去的某家店的店员等，任何人都可以随便闲聊，或是做些让对方开心的小事，你的心情自然就舒畅了。

● 晚上好好睡觉，少用电脑和手机

保证睡眠质量，对激活5-羟色胺能神经元非常重要。从睡前两小时开始控制使用电脑和手机，放松身体和精神，舒服地睡上一觉。

● 让积攒的压力伴着泪水流走吧

有时压力也需要大扫除。节假日享受慢时光时，看一部感人的电影，读一本书，痛快地哭一场吧。冲刷掉大脑和心中积压已久的郁结，让自己焕然一新。

记住这些方法，与压力和谐相处吧。

真心希望本书能帮助你和心爱的家人以及身边的人一起愉快地生活，书写美好的人生。

有田秀穗

备忘录